探索我自己

哲學博士媽媽育兒成長手記

Explore myself

陳潔 著

前面的話

我從來沒有準備做新娘，更沒有準備做母親，可突然之間，事實上就是在一兩個月之間，我由少女變成少婦，然後是孕婦。而此時距離我走出校園還不過一年。此間巨變的落差，可想而知。

直到結婚，我才意識到自己對性的無知，直到懷孕，我才意識到自己在心理上還是一個孩子，我驚慌失措。一個生命突然走進我的生命，已經讓我應接不暇，現在，另一個生命直接疊加在我的生命之上，更讓我手足無措。對這樣一個突如其來的生命，一個與我關係過於密切的小生命，我既恐懼又厭惡。

我是從什麼時候開始適應這種角色轉變，並開始思考和理解生命的？我是從什麼時候開始愛，並由這愛滋養著慢慢成長，直至成為一個真正意義上的母親？

對我來說，做一個母親是一個極其艱難和溫暖的成長過程。母親是在孩子之後出生的，孩子降臨了，一個母親才開始成長。這是一個漫長的化學反應，一個不可思議的奇蹟。我和孩子一起編織我們彼此交錯的命運和歷史，他走向成人世界，而我走向一個女人生命的深處。

他為我開啟了一扇幽秘的山門，並成為我生命中一條縱深的道路，沿著他，我溯遊而上，抵達了女人最深的源泉，發掘了自己的母性、生命的悸動、人性的幽深。這一路走來，所有的艱險和寶藏，都是過去的我根本不能想像的。人不可能知道自己不知道的東西。如果我沒有孩子，我甚至不知道自己損失了什麼，有了他，我才知道自己得到了什麼。他是生命給我的過於慷慨的饋贈，每思及此，我都會感激得流下淚來。

這個世界充滿了成人的聲音，他們炫耀自己教育孩子的經驗和成果，好像一個畫師誇耀自己的作品。殊不知，不是畫家運用顏料決定了畫作，而是這個世界的色彩決定了畫師。孩子們塑造了一個個母親和父親，如此偉大的勞作卻默默無聞。我在這裡要記錄和紀念的，是我畢生最重要的成長史：我被孩子雕刻的過程。這個過程刻骨銘心，彌足珍貴。

而作為母親，我對待孩子的方式，唯兩大聖諭是聽。一是Kahlil Gibran的On Parenting, They are the sons and daughters of Life's longing for itself. They come through you but not from you… …，另一個是老子所言，生而不有，為而不恃，長而不宰。

目次

Contents

手背：作為母親的理性（我給孩子的）

手心

作為自己的感性（孩子給我的）

懷孕了

這絕不是一個好消息。

應該承認，在醫生最初告訴我這一消息時，我驚異而沮喪。這時距我新婚還不到兩個月，我對婚姻的全部理解還停留在「王子走進死寂的宮殿，深情輕吻美麗的公主，她因此從沉睡中醒來，兩人含情脈脈的對視著」這樣的層面上。世上一切美麗的愛情故事都結束於凝眸、擁吻、潔白的婚紗和教堂的紅地毯，誰想像過懷孕的白雪公主？腰圓臉腫、大腹便便。

我從愛情的雲端跌進婚姻的陷阱時，還基本上只是把自己當作低空飛翔的仙女兒，壓根沒有想到懷孕這種「庸俗」的、人間煙火氣的、不人道的、毫無理想色彩的事情，居然會降臨到我身上！這種驚異、沮喪和不公平的感覺，很深刻，在第一次與紫禁城先生為家務瑣事爭吵時，我也有這樣的驚異和沮喪。

——簡單介紹一下紫禁城先生，我們作了近六年的朋友後，似乎在一夜之間質變為戀人，並在六個星期後成為夫婦。他是這個世界最後一個理想主義者，遵循最保守和謹嚴的道德規範，其腐朽、落後、古板程度令人髮指，與現代社會很多東西都不相容，而且保持永不妥協、絕不合作的強硬態度，是精神永遠留在「故宮」的「故人」。所以，紫禁城是他理所當然的形象代言人。

在最初的驚異和沮喪之後，我變得消沉抑鬱，而且極度恐慌，甚至有受辱的感覺。當然我決不想當媽媽——以我天馬行空的個性和自私、自我、自戀的德行，沒有堅持獨身主義已經是個奇蹟了——但我和紫禁城都不太知道怎麼拒絕一個特殊的細胞，或者一團未成形的「東西」。

「要不，我們去醫院看看？」紫禁城說，他更多地從現實考慮，他博士還沒畢業，工作沒有著落，我也正在準備考博，已經夠亂了，不想再有添亂的。

我們心照不宣地知道「去醫院」意味著什麼。在中國，胚胎是否算生命不是值得討論的問題。當然「去醫院」是唯一的和最好的辦法，但我搖搖頭。每一次我都搖搖頭，一次比一次堅決，一次比一次猛烈，如果孩子不是生在肚子裡而是在頭上，我一定已經把他搖出來了，像宙斯生出雅典娜。

我終於保留了「它」的存在，絕不是因為我認為受精卵或胚胎具有什麼生存權或人權，也不是什麼本能的愛，而純粹是出於一種害怕和逃避。我不願意與醫院打交道，把自己最私密的一面暴露於醫生，是我不能容忍的。便象鴕鳥似的，寧可掩耳盜鈴般將這種不得已的接觸暫時推遲，一天、兩天……一周、兩周……一月、兩月……直至推遲到十個月之後。

另外，我不是一個充滿戰鬥性、能堅決對抗世俗壓力的人，也沒有太多抗壓能力。在那些自認為非原則性問題、我也不怎麼當回事的事情上，我樂得隨大流。如果世俗習慣認為一夫一妻一子是常態的家庭模式，我會無可無不可地妥協。雖然我一貫的觀點是，如果可以不結婚，最好別結；如果可以不要孩子，最好不要。

那一段，我常常會念胡適的那首無情無義的白話詩：「不想要孩子，孩子自己來了。」我討厭「它」，這個不速之客。原本完全屬於我的身體，突然憑空多了一個異己的東西，不管它是一個腫瘤或胎兒，都足夠引起人恐慌。「它」在侵略我，佔領我，削減我的自我。

另外，我有一些奇怪得讓自己坐立難安的想法，比如說，我覺得孩子是性愛的具體化，海德格爾說，曝光隱私是現代性的表徵，那孩子就是天然的現代性象徵。它放大了我的私生活，它是羞恥，是屈辱，是我身體的一個汙點。

而緊接著的妊娠反應讓我苦不堪言，而且憤怒莫名。我努力用理智克制自己對「它」的憎恨和詛咒，並強烈的感覺到女人的苦難和身為女人的可悲。而一旦我想到「它」可能也是一個女孩，以後終有一天也將為了人類種族的延續繁衍而承受同樣的苦難和悲哀時，又格外地憐憫「她」。我不無自私的悄悄祈禱「它」是個男孩。

沒有第三個人知道這個消息，象青春期羞於身體的發育、並以自欺欺人的方式來回避變化一樣，我儘量堅持繁忙的日常工作，甚至更加奔波，而且絕不加餐或補充營養，而且因為紫禁城對我額外的關照體貼而大發雷霆。那時我最強烈的願望就是：我要一如既往的生活。或許潛意識裡，我要完全控制和決定自己的生命和生活，不能忍受任何外物的影響。

但偽裝下面終究有真實的存在，我也曾偷偷的去書店和國家圖書館翻翻《怎麼做媽媽》、《生個超常寶寶》一類的圖書，卻是做賊心虛，每一次都提心吊膽、風聲鶴唳。現在想來是很可笑的，在書架上看準目標後，我會潛伏很久，直到前後左右都沒人了，才飛快地將書抽下來，第一時間轉移到別的地方去看。即便如此，每當有人從身邊走過，我還是會拼命把書頁卷起來，結果有一次遭到了工作人員的呵斥，因為「這麼不愛惜書」。

我終於沒有能夠騙過自己：整天整天吃不下一口飯，頭暈、腰酸、發困、噁心……北京的冬天顯現出大自然對人類最不友好的一面：苦寒、塵埃、風沙、乾燥、渾濁的空氣，房間裡暖氣不足，寒冷無孔不入、不絕如縷。一個多月綿綿不絕的感冒低燒，卻不敢用藥，多年的頭痛病和美尼爾症頻頻發作。

紫禁城住在宿舍，我與陌生人合租著學校的小平房，只能吃食堂。大學的食堂永遠彌漫著一股清水煮爛白菜的味道，我距離食堂十米就能聞到這味兒，一聞到就什麼都吃不下。卻又饞各種各樣希奇古怪的東西，比如家鄉的剁辣椒、豬血丸子、蘿蔔乾臘肉、豆瓣醬和罎子豆豉油茄等，想而不能得，如毒癮發作般坐立不安、百爪撓心。

這一切還在其次，最可怕的是健忘和思維遲鈍。我會忘記約定的採訪，或者採訪中會走神。我的提問變得零散紛亂，毫無邏輯和系統可言，在恍惚茫然中，我會忘了提問或聽不懂別人的回答。以前倚馬可待的寫稿如今成了張飛繡花般極艱巨的一件事，我沒法集中注意力，也不能自如的調動詞彙、組織表達，要麼言之無物、要麼詞不達意。我體內似乎有一個無底的黑洞，把我的種種思想、情緒和感受統統吸進去，直到把我抽空成一具空殼。如果不是特別的刺激，我便整天麻木呆滯、神情恍惚。一切都不再屬於我，我喪失了自己一向引以為自豪的意志力，而被一種外在的強大力量所掌控。

那時我感覺到深深的恐懼和絕望，作為生物體的人原來如此有限和不自由。寒冬冷、暑日熱、春季發困、秋天頹廢，吃喝拉撒、衣食住行，還有疾病和死亡，誰也無力超越生理層面的存在。這一點本身就夠讓人灰心了，而作為女人，又額外再多幾層物質性局限，比如經期，比如懷孕。那時的我還沒有餘心餘力、也沒有足夠的知識儲備慮及以後的生產和哺育，單是目前的「病症」就夠我疲於應付、狼狽不堪了，尤其是想像自己有朝一日的啤酒桶形象，臃腫、醜陋、恐怖，簡直就像噩夢。

真正的度日如年。我害怕，我想家，想媽媽。我不要當什麼該死的媽媽，事實上，我這時最需要的人就是媽媽。同樣毫無思想準備和知識準備的準父親也跟我一樣焦頭爛額、七竅冒煙，終日徒勞的緊張和擔憂，並忍受我乖張的性情和隨時可能爆發的情緒火山。

終於有一天，我和紫禁城一致決定：休長假回家調養。

這意味著我的整個看似周密、無懈可擊的人生規劃被迫面臨調整。彷彿因為「它」的存在，我作為我已不再重要，甚至不再有意義，我只是另一個生命的載體，「它」要生長，我只是泥土，我的存在是為了一個非我的「它」。我就這樣被驅逐出了原來的生活軌道和生存環境，我不得不離開自己的世界，單獨和「它」在一起，為了「它」的生存而放棄我的發展。不難想像我當時的無奈和無助。離開北京時我的體重不到九十斤，而心情則陰暗得一如逐臣貶官。

我向單位請的是病假。「懷孕」兩個字，我怎麼也說不出口。

一九九九年八月

休養生息

我用了很多閃爍其詞的詞彙，拐彎抹角地告訴父母我要回家，也試圖解釋和掩飾決定為何如此潦草和突然。這些都是多餘，他們在第一時刻就直覺到了真相，他們的喜形於色是如此自然而強烈，倒映襯得我小題大做、小家子氣、庸人自擾。這讓我吃驚又自慚。

與我的諱莫如深完全相反，他們以最快的速度將這一「喜訊」做了最大限度地散佈傳播。我還在從北京往家鄉的火車上，所有我認識的人和認識我的人已經都知道了。根本容不得我有機會阻止或者難堪。

之後，親朋好友鄰里鄉親自然的祝賀，在很大程度上幫助我接受了「懷孕」的事實，不再羞於見人。十幾年前，青春發育的我經過掙扎，才敢於挺起胸來走路，如今，我也終於可以自然地挺起並不顯形的大肚子了。再回過頭來反省，為什麼我會被教育得對自己的身體感到羞恥呢？我為自己感到慚愧，為以前的羞恥而羞恥。

我出現在闊別已久的校園，和所有人一樣穿著棉衣，看起來沒什麼變化。但所有人看見的都不是我，而是我身體裡的另一個存在。從進門的第一天起，ＳＣ總司令就頒佈了軍令n條：作息飲食，一切行動聽指揮。為了防輻射，手機和電腦是絕不允許接觸的，看電視有嚴格的時間和空間限制，就連書也不能多看，怕傷腦力和精血，只能看些孕產、育兒的書。沒有ＳＣ保鏢的監護，不准獨自出校門，萬一磕了碰了撞了怎麼辦？

總之，中心意思一條：我變成了一個培養皿、容器或者工具，我的存在只是為了盛放一個新生生命，為了這個喧賓奪主的生命，我蛻變成並不快樂的豬，每天的任務就是吃了睡，睡了吃，以及按時散步、體檢，兼職陪SC廚師去買菜——老天，在此之前，我幾乎從來沒去過菜市場。

——簡單介紹一下SC老媽。頭髮不長，見識也短，沒有是非觀念，政治覺悟不高。當年根正苗紅的貧下中農子弟，又是吃國家糧、公家飯的國家領導人之一（工人階級是國家的領導階級嘛），卻自甘墮落嫁給鄉村中學的地主崽子。苦哈哈地分居了n多年，才把老公撈進城市。從此過上了油鹽柴米的平凡生活。不好讀書，求甚解。勤勞、善良、不美麗，心裡裝著老公、孩子、兄弟姊妹、侄女外甥，唯獨沒有她自己，是集中國勞動婦女傳統美德於一身的超級普通老太婆，Super-common，簡稱SC。這個外號還有另一層含義：老太太一度迷戀電遊，比如CS，但水準超濫，玩得顛三倒四的，經常無緣無故地送別人裝備和能量，像非常曲折幽深的陰謀，把互聯網那頭的人嚇得不輕，是倒行逆施的CS。

每次陪同SC出門，都會遭遇相識或不相識（她們認識我或我老媽）的阿媽阿嬸阿姨阿婆們——不得不承認，我身邊的人突然發生了結構性變化，以前因為我回家而聚起來的哥們，這次不再安排飯局，更不敢半夜約去酒吧，喝著mojito、肆無忌憚地評論跳鋼管舞的色女身材。倒是以前見面只打聲招呼，彼此從來不多一句話的中老年婦女，開始聚集在我的周圍，她們積極、熱情、主動，爭先恐後地研究我的血色、傳授各種經驗、就孩子的性別展開辯論賽，敬崗愛業、鞠躬盡瘁。

尤其讓人崩潰的是，她們的問題、語氣、用詞都是一樣的，簡直讓人懷疑是同一個老巫婆變成不同的形象反復出現。通常的模式是這樣，先用一個完全沒意義的提問表示問候：「回來了？」然後沒有任何實質性內容地誇我一通，反正離了家鄉的人，都是「有出息」、「做大事」的人。接著話題一轉，自然地誇到SC，便不再生疏僵硬，開始語言流暢、神態自然：「你好福氣啊，這麼年輕就當奶奶了。福氣都自求，是你孩子教育得好。現在的年輕人，只想著自己玩，沒幾個願意這麼早生孩子的。其實這個年紀最好了，對孩子好，大人也不吃虧。過了二十五，女人就走下坡路了。我們那時候，哪個不是二十出頭就……」

我聽著這話，就像在罵我。過早地背叛自己所在的那個青春世界，棄明投暗，叛變到一個婦女們構成的混濁俗世。這個想法讓我心生悲愴，我是女版的吳三桂？

誇獎和懷舊、感慨世事之後，才算進入正題，開始了漫長的諄諄念經：「怎麼這麼瘦呀，一點都不像三個月的。」

「要多吃水果蔬菜」

「不要再吃辣椒了」

「發狠吃」

「多出來走走，生的時候就有力氣了」

「不過晚上莫出來，怕撞邪」
「電視少看點」
「不能打手機」
云云。千篇一律，萬遍也不膩。
我陪笑又陪時間，應付：「一定一定」、「是的是的」、「好的好的」、「對對對」、「知道了」、「是呀」、「嗯」、「啊」、「哦」、「呵」、「哼」。
陪同我出行的SC則熱心地回答：「是啊，她總是不肯吃。」或者請教：「您老人家說她要補點什麼？」這樣每每能聊上半天。從家門到校門，三分鐘的路，不斷被堵截或圍剿，半個小時也走不到……這樣的錄音每天放上七八次或十多次，成了我生活的常態。
生活就這樣發生了翻天覆地的變化，我的周圍彌漫了濃烈的人間煙火氣，讓人窒息。開始當然是不習慣、也不耐煩。但一段時間後，我開始清楚地意識到，自己確實進入了另外一個完全不同的世界，或者說，進入了這個世界的另一個維度。那是一個我以前完全無視其存在、而且一無所知的維度。在世界的那個維度裡，自有一套特別的時間概念、行為準則和價值觀念，活著有什麼意義？錢怎麼花才值？什麼樣的人是朋友？應該如何待人？如何承擔命運和報應？還有更具體的，該不該原諒婚姻中的出軌？什麼樣的畫是好看的？誰和誰為什麼沒有孩子？什麼食物保胎？什麼顏色辟邪？

有時候，她們討論的是我從來不想的問題，有時候，她們對問題的看法和觀念完全出乎我的意料。

這個維度的世界充滿瑣瑣碎碎的家務事，活在其中的人顯得細微和具體。這是一個沒有陌生人的緯度，小超市的老闆娘、賣白菜的老漢，大家都是「熟人」，一邊挑東西一邊問問媳婦賢否、孩子乖不，人和人是密切的，生活是透明的，你家裡的事，所有人都知道，同時，你也知道所有人家裡的事，大家都認為互相知根知底是天經地義的事情，想要找誰便直接去敲他家的門，任何人都可能直白地評價你的體型和衣著，或者直接問「你每個月掙多少錢？」，而你絕不能用「幾千吧」敷衍過去，到底是三千還是七千，一定要交代清楚，至少精確到百位，否則就是不夠真誠……

另一方面，不知不覺中，我離開了這個世界我所熟悉的維度：起床第一件事是看日程表；掐著時間趕車上班；為出席不同場合琢磨穿什麼衣服；習慣於遞名片、握手和飯桌上的觥籌交錯；談話從籍貫和畢業學校開始；和「小資」同事逛SOGO、吃飯就ＡＡ；見任何人都預約時間；買八百八十元的ＶＩＰ票看法國巴黎歌劇院的芭蕾；去超市先開列購物單；有困難的時候找專業公司而不是朋友；很清楚什麼是隱私和談話的雷區；即使親密的朋友也難得去人家裡（因為大家都還沒有家），與朋友聚只在酒吧、茶館和餐廳……

世界如千層餅一般在我眼前打開，撕掉一層，下面還有一層，同一張餅，卻是不同的色、香、味——世界原來這麼縱深、豐富和斑駁。而在此之前，我自動遮罩掉了世界的很多維度。

不能說這些維度是我生命的必然過程或必須經歷，但有了這樣的變數，世界從平面成為立體，我的生命因而變得豐富和靈動。而所有這些變化，都是那個對我來說還不存在的孩子帶來的。

那一段日子是慵懶而閒適的。體型沒有太大變化，妊娠反應也漸漸消失，我基本上感覺不到「它」的存在，似乎只是在休一個長長的假期。整個家庭的運轉都以我為絕對中心，父母都儘量小心翼翼順著我的心意，擔心引發任何不良情緒，影響胎兒健康發育。回想起上一次這樣「我是太陽」、「唯我獨尊」，是在我高考的時候，已經恍若隔世了。

我在一定程度上利用了這層沒有太多道理的顧慮，發揚光大了自己懶散懈怠的優良傳統。回家時，我尚且習慣性地帶了幾本宗教哲學的英文書，準備考試。最初是被SC間諜兼員警強行悉數沒收，到了後來，就是我自己也懶怠看書讀報了。偶爾，在一個冗長的閑極無聊的午後，我也會有所警覺和恐懼，擔心自己在這碌碌無為中沉溺淹沒。但人的本性和水一樣，是向下的，很難有人能在伸一個愜意的大懶腰當中停下來，而我確乎已很放縱自己，有點真氣盡泄、疲軟無力的味道。有時我甚至會覺得以前的淩雲壯志其實沒多大意義，現在這樣心靈的寧靜，靈魂深處的愉悅，也是至高至貴的。充滿戰鬥和競爭的人生、世俗所謂的「成功」，並不是人生唯一的價值。

我在無所事事中開始漫無目的的遐想和回憶。記得自己在中學和大學時，看到大人們的人生歷程和生存狀態，心中很是憐憫和不屑，我發誓自己要完全不同的、超凡脫俗的一生：要成就一番大事業，「天上一輪才捧出，人間萬姓仰頭看」，「好是五更殘酒醒，耳邊聞喚狀元聲」。要有一場驚天地泣鬼神、沒有結局的愛情，因為它總是與某項偉大事業或民族利益相衝突。也會獨步走天涯，也會做單親媽媽，也會有一個丁克家庭，總之，什麼奇蹟都可能發生，怎麼驚世駭俗怎麼來。

可事實上，我在最平常的年齡結婚，又在最通常的時間受孕，從事一份最平常的工作，有著最日常的情感、體驗和欲求，和絕大多數人沒什麼兩樣。沒有「春風得意馬蹄疾，一日看盡長安花」，也沒法「卻憶金明池上路，紅裙爭看綠衣郎」。

也許人生就是這樣，當年的翩翩少年郎，「騎馬倚斜橋，滿樓紅袖招」，意氣飛揚，指點江山，圖的是宏圖偉業、俊郎紅顏。但光陰似箭，白駒過隙，總有一天如夢方醒，恍然間人生已過半，以前構想之種種，能實現的和永不能實現的，都已經樁樁件件落到了實處，落到實處，是白色，霜染雙鬢。

高中時曾偷看一個親戚的日記，裡面寫到大學校園生活的趣事和理想，工作之初的憧憬、努力和困惑、艱難，談戀愛時的快樂、浪漫、層出不窮的摩擦、幽怨、賭氣與和好如初。可寫到結婚，便嘎然而止了。她堅持了十來年寫日記的習慣，被婚姻切斷了。我當時很是震驚，因為現實生活中的她，很是懶散庸俗，至少在我眼裡是這樣，萬想不到她也曾經飛揚和燦爛。於是也很是感慨，心想，人長大後，真是很容易墮落，就這樣一下子庸常了，失語了，消沉了，沒有激情了，無話可說了，悠悠揚揚的琴聲，正錚錚玉落，一時弦斷，乾乾淨淨，連一聲餘音都沒有。

當年的感慨猶在心，不經意間，已到了自己弦斷的時候了。

真奇怪，懷孕居然可能改變人的人生觀和價值觀。我突然被拋進另一種生活方式，從難受、到接受、再到享受，驀然回頭，才發現以前的生活並非天經地義，絕對唯一。

是的，整個人的觀念和精神都在發生微妙的變化，我開始習慣與人談論孕、產、育之類的俗事話題，不再反感閒聊扯談、家長里短（這原本是我最痛恨的東西），我聽到了很多人間瑣碎而真實的故事，知道最普通的市民是怎麼生活的，並油然生出對平凡人情感和生命的尊重和敬意。我坐在那些中老年婦女中間，沉溺於各種絮絮叨叨又繪聲繪色的敘述，由此真正理解到，人和人是平等的，不同的生存方式和生命形式也是平等的，本自沒有高下之判、尊卑之別。每個人都有慾望，每個人都有尊嚴，每個人都有存在的理由，每個人都有可愛的一面。

有時，我會突然生出一種衝動，想擁抱和親吻面前這個或那個滿臉皺紋、缺了三顆牙、正羅囉嗦嗦面授機宜的老婦人，我會猛的抬起頭來，看到天原來那麼的藍，那麼的高，那麼的美，環視四周，每個人都那麼的可愛，我真想擁抱每個人，擁抱全人類，因為他們和我是同類，因為人是這麼的可愛，世界是這麼的美好。生活著原來可以如此美好。

當然，我內心深處依然頑固地堅持著，不讓自己完全混跡於嘮叨著傳播小道消息的婦女行列中，小心地保護著自己的精神獨立和心靈敏感度，以免自己對自然、生命和世事渾噩遲鈍。

另一個巨大的吃驚是，我簡直不能想像，為一個新生命的來臨，要做那麼龐雜的物質準備：我能想到的嬰兒帽、衣、褲、襪、鞋、尿布、被褥，我想不到的水溫計（給嬰兒洗澡時量水溫）和軟尺、簡易秤（量嬰兒的身高體重），定制改裝嬰兒床、裁剪縫製配套的蚊帳、挑選玩具和童車、搬家具、搞衛生、騰出空間、佈置房間、刷牆掛畫、洗洗涮涮、收集嬰兒洗澡用的中草藥。SC老媽媽每天還為我制定菜譜、配營養餐，剩下的時間，她抱著《孕育必讀》、《怎麼坐月子》、《新生兒常見病診斷及治療》一類的書，仔細研讀，並分門別類做筆記，提前開列出長長的月子菜譜來。

SC堅持不讓我插手這些事，後期甚至禁止我陪她買菜，怕街上和市場裡空氣不好、噪音太大，只允許我在校園裡散步。我看著她忙碌張羅，完全難以想像，當年父母兩地分居，物質又那麼匱乏，她是如何獨自撫養多病又淘氣的孩子。

必須承認，在整個休養過程中，我想到孩子的次數很少，即使與人談論起，也像在說一件不相干的事、一個不相干的「他者」。在整個孕期，「母恩如山」才是我最大的感念，而我仍然是女兒心態。我也喜歡整理嬰兒衣物，是因為那麼小小的衣服、小小的鞋，如同工藝品或玩具，好玩得緊。我奇怪自己竟然沒有在這些物質準備中，自然地生出母愛來，或許我是個冷血硬心腸的女人？沒有柔情、溫情和愛的能力？這種懷疑讓我隱隱地憂慮，不能理解也難以原諒自己母性的麻木。

他是誰？

SC動用「非法」手段，提前獲知孩子性別，加之有了胎動，我跟孩子的接觸交流，變得真切具體。

因為他，我格外貼近而強烈地感覺到自然的神奇，以及我永遠無法洞悉的神秘。有一個生命——一個完全的、真正的生命寄居在我體內，分分秒秒地成長和發育。他和我是什麼關係？他在我當中，我在宇宙當中，他和我、我和宇宙，是一還是異？我現在就是他的宇宙啊，包含他，供養他生存所需的一切。他變了，我也會變化，我變了，整個宇宙都會變化。凡塵心念一動，天地都變色。而「我」和「他」，兩個完全不同的生命，卻能密切到如此程度，共用同一套生命機體系統！他提取了我的DNA，神秘的東西轉移到他生命當中，他會秉承我的某些生命特徵，長相、性格、智商、思維和情感，從某種意義上來說，他是我生命的延續，如一棵老樹上發的新芽。生命在我倆之間流淌，洋溢，帶著密碼，我中有他，他中有我，我們互相依存，彼此信賴，那麼徹底的信任，交換著各自的生命，這一點想起來真讓人溫暖和欣慰。人在茫茫天地間，因為有了如此密切的偎依和依靠，不再感到孤助無援。

他把我直接放進了最玄秘的感覺和思考當中。他是誰？他從哪裡來？他的存在是多麼偉大而不可思議的奇蹟！以前是空虛，什麼都沒有，因為兩個細胞的邂逅，他就「出現」了，就像從無中生有，這不是很奇妙嗎？他是本來就存在的嗎？還是從虛無中來？人是什麼？他知道自己是人嗎？這是他的選擇或意願嗎？也許他更願意做一棵樹或者一塊石頭（就像我一樣）？可是他就是成了人，他的這一存在和生命豈不是非常地不可思議？他是我的孩子，可我甚至到現在還不認識他，同樣的，我是他的母親，可也許他更願意選擇另一個美麗或智慧的女人做他的母親？我和他，彼此陌生，卻名分已定，這是誰安排的？為什麼是我和他，而不是別人？他和紫禁城不同，我可以選擇某個男人做我的老公，卻沒法選擇哪個男孩做我的兒子，這不是非常神秘和奇妙的事情嗎？他被拋到這個世界上來，不是外太空，不是火星，偏偏是這個叫地球的懸浮的星球，地球很大，他沒有被拋到幾內亞，也不是紐約郊區，而是這裡。這裡的人很多，他卻不偏不倚，被拋進我的懷裡。在亙古無垠的時間流裡，為什麼是此時此刻，他出現了？不早一秒，不晚一分，但凡一絲一毫的偏差，他就不是他，他就不存在了，而是另一個不同的生命出現了。這樣無不思議的精確，不是很難以想像嗎？

還有，現在的他，已經在多大程度上完成了他的自我？他的一生，有多少在此時此刻已經被決定，還有多少等待他以後去實現和完成？他是被決定的嗎？他的人生和歷史已經開始了，還是已經結束了？

我還有很多困惑，還沒有做好準備，但已經開始期待他的降臨。

痛

直到今天，即使我對小秒針已經充滿了無限的母愛，還是不得不承認，我對於生產的全部記憶，只有痛，還有恨。

慘烈的痛，所以痛恨。

其實這話說了沒太多的意義，因為每個生過孩子的女性都知道是怎麼回事，用不著我說；而未曾生產的人永遠也沒法想像其情狀，我說了也沒用。

但那痛實在是太刻骨銘心、錐心刺骨了，相信在這之後的整個生命中，每當想到它都足以讓我心驚肉跳。那是一種極其純粹的痛感，不摻任何情感的雜質。如果說妊娠期的疼痛有羞澀和嫌厭，陣痛後相繼經歷了驚異、好奇、竊喜、激動、期盼、恐懼、憂慮、焦灼等複雜的感受，那麼，分娩時，一切都沒有了，我成了最簡單和純粹的一堆肉——劇痛的肉。

事後想來，我才深刻地體會到：人從本質上講就是動物，就只是動物。在最非常的時刻，人最驕傲的思維總是第一個叛逃，緊接著，情感也缺席離你而去，忠實留下的——也正是你絕然無法擺脫的——只有肉體，肉體的感覺。

那一天，全世界都是黑暗而冰冷的，疼痛鋪天蓋地，我一直在機械地扭曲和掙扎著，卻不知道自己為什麼掙扎，我感覺自己像一個打開的龍頭，血液肆無忌憚的流空了，我變得透明而且輕。我想不起我生命中還有哪一段時間，和這幾個小時一樣，全部的存在就是一種肉體的極致體驗，思維和情感完全的缺席。我不知道身邊有沒有醫生，不知道腹內有沒有孩子，我不知道我在幹什麼，我既不給自己鼓勁加油，也不鬆懈放棄，既不怕那痛，也不恨它，甚至沒有希望它結束，我連自己都沒有了，是的，什麼都沒有，只有痛。

沒有我，只有痛。

那麼，疼痛對於生命，有任何意義可言嗎？、

在那幾個小時——或許是一個世紀，誰知道？——裡，我的全部世界就是質感的痛。你知道疼痛的物理品質嗎？我可以告訴你，它是黑色的、冰冷的，帶著鐵銹氣，凝固了，堅硬而沉重，充滿了力量，無比強大。是的，痛可以無比強大，其力量大概僅次於死亡。疼痛就是死亡的前兆、死亡的使者吧。但是，只有活人才覺得痛，這麼說，痛又是生命的標誌。多麼奇妙，痛就以這種特殊的方式將生和死聯繫在一起，「痛得要死」也還是生，死人不痛。痛，無論它多麼慘烈，無論它將引起多麼不美好的體驗，構成多麼不美好的回憶，它到底是生命的體驗之一。在醫學上，它還是人體最重要的預警機制之一，沒有痛感的人，更容易延誤治療。僅此一點，它也足夠能給人溫暖和感慨了。

痛恐怕還是自然神靈與人交流的一種方式。人常常因為麻木、遲鈍、忙碌、沉思或別的種種原因而忘記自身的存在。忘記或不顧自身的存在，有時是一種迷失，如「要錢不要命」，有時是一種境界，如「捨生取義」。但不管是什麼，它總不是一種生命的常態，而這時，最能

提醒人意識自身的，就是疼痛。比如人不敢相信的時候就掐自己一把，以證明不是在做夢。痛了，就回到生命當中了。

自身——我指的是肉體——是生命的根本。人接受其身，就是因為潛意識裡明白這個道理，但人實在是一種自高自大地滑稽可笑的動物，總自以為是，毫無理由的信任自己，以為通過自己的思考能上通神靈，其實神靈就是自然，也就是物質。而物質只與物質相通。能溝通神靈的，恰恰是等而下之，人不屑一顧的肉體。痛在某種程度上洩露了這一玄機，但人太驕傲，也太自信，每每無視世界真實的存在，也就每每錯過了「痛」這個神靈的暗示。

從這個意義上說，我該幸慶自己曾擁有過的這種極致的生命體驗。也正是在這種極致的至高無上的生命體驗中，另一個生命誕生了。

另外，在連續兩天的陣痛中，我極其深刻而強烈地感覺到了孤獨，人存在的那種徹頭徹尾的孤獨感。當時，我生命中所有重要的人都聚集在我的身邊，但當最強烈的生命體驗到來時，他們卻離我那麼遠，離我的痛那麼遠。陪伴我的，只有我自己飄忽的靈魂，和肉體的劇痛。

有一刻我大概是痛暈過去了，或者神志不清了，事後老爸告訴我，紫禁城一直緊握著我的手，而媽媽一直在說：「崽啊，讓我代你痛吧！」這些都讓我感動，真的。但是，另一個同樣真實（而且可怕）的事實是，對於這一切，我一點都不知道。他們誰也代替不了我，我的痛，我的生命，我的感覺，我的體驗，就是我的。誰不在活自己？生老病死誰替得？

痛是什麼？它只是一種感覺，任何醫療設備也不能像檢查一個腫瘤一樣測出一個人的痛，別人只能看到你的扭曲和掙扎，聽到你呻吟，由此推斷你痛，但沒有人知道你的痛是什麼。他們可以回憶他們自己痛的感覺，但那依然是他們曾經的感覺，不是我的。我的痛，只有我知道。

這種強烈的孤獨感和絕對的隔絕，比疼痛更讓人難以忍受。我的手在空中揮舞，想抓住些什麼。但除了疼痛和虛空，什麼都抓不到。我原來是那麼單獨的一個個體，沒有任何東西可以取代我，也沒有任何人可以真的幫我，我的體驗絕對只屬於我一個人，而我除了自己，什麼都沒有。

而生產是我畢生感受孤獨中最強烈的一次。那幾個小時內，我的存在，是我一個人的存在，所有的親人都缺席了，整個世界都退席了，消融在濃厚和漆黑的疼痛中，只有我孤零零地挺立在茫茫宇宙的中心，獨自一人迎接孩子的降臨。

那一天，實際上是我自己穿過那條漫長、冰冷、黑暗而痛徹心肺的生命隧道，是我。我從一個女人變成了一個母親。

那一聲啼哭，是我生命的開始。因為那一聲啼哭，我看到了生命的光芒，我停止了掙扎，感到死一樣的累和死一樣的解脫。

我當時想的是：啊，終於生了。

或者是：啊，終於死了。

二〇〇〇年五月二十日正午，他來了。他來自疼痛的最深處，來自生命的最深處，來自宇宙的最深處。他來自天堂。

悔

「我有一個夢想」，卻是一個難以啟齒的夢想：早些當奶奶。我要親自帶孫子或孫女兒，詳細記錄他（她）的每一天，如同「楚門的世界」所作的那樣。

之所以有這個夢想，是因為當有機會記錄兒子時，我沒有做到。這是我一生一世的遺憾和愧疚。

市場上有不同版本的「寶寶日記」，很精美的設計，做父母的可以逐日記錄孩子人生軌跡，直到孩子能夠自己寫日記。我自己從五、六歲開始寫日記，一直堅持至今。現在的我甚至能查到自己八歲生日那天吃了什麼菜，或四年級的暑假看過什麼書、和誰玩了什麼遊戲。但學齡前的我卻是難以還原的空白，只能依據父母的記憶和寥寥幾張照片。這曾經是我的一大遺憾。我也曾經想過，不讓兒子的生命有這樣的空白，要進行全程全記錄。

但我實在不是一個好媽媽。孩子出生後，我的身體不能滿足他對食物的需要，月子中又發了一次燒，小秒針沒滿月就開始喝牛奶。——小秒針長大後如有多動症，一刻不停，如同秒針，每秒都在動，是名副其實的「小秒針」——可在頭幾個月，他卻是那麼安靜，除了吃東西，整天整天都在睡覺，醒著的時候也極酷，我對他說話、微笑、做鬼臉，他一概冷峻深沉地審視著，沒反應，讓我覺得自己很無聊，漸漸便失去了興趣。

「很醜。喝奶、吐奶、睡覺、下午洗澡，拉巴巴，黃色」，記錄天天如此，像是複印出來的，沒什麼好寫的。以至於他滿月的時候發黃疸，還很是讓我興奮了一下——終於有些變化了。加之分娩和坐月子都很累，精力不濟，心情也不好。寫了幾次，便丟開了。這之後的記錄，也都是支離破碎的，在二〇〇一年十月十七日的日記裡，我找到了這樣一小段話：「突然的，我就很難過，在我所有的文字中，有關小秒針的都是那麼的零碎。我似乎一直沒有一個整段的時間為他留下一點文字。」

是的，沒有。

他還不到四個月大，我就回北京了。我只是不願意、也不能夠因為母親的身份，而把自己完全地失去了。所以我要回去工作，要繼續讀博。我至今也堅持認為，愛永遠也不能成為一個人庸附於另一個人的藉口，不管這愛是多麼的美好和深刻。我不屬於小秒針，小秒針也不屬於我。他會有他的生活，我也有我的生命，我和他的聯繫，只在於上蒼對我如此偏愛，所以賜給我這樣一個無邪而美麗的小人兒，讓我見證他生命的最初那段時間，而且在嬰兒不能自理的時候，寬容而信任的允許我來幫助他、照看他。只不過，我辜負了上蒼的美意，把這個神聖美好的事情當作負擔，輕巧地拋給了我的父母。

等我再次見到小秒針的時候，他已經一歲多了，在這中間的一段時間裡，我們只通過電話知道彼此的存在。我至今記得小秒針在電話裡的聲音，異樣柔軟和嬌嫩，怯怯的、慢慢的、小心翼翼、異樣溫柔：「媽……媽……，媽——媽——」聽得我心都碎了。

小秒針只在電話裡聽過我的聲音，這樣的後果有二：一是電話成了他最喜歡的玩具之一，他剛剛會走路，就熟練的爬上沙發，一手抓住話筒，因為控制不好自己的手臂，賣力的把話筒砸向後腦勺，一手忙不迭的摁按鍵，如果大人高喊起來（所有大人在這時候都會大叫，因為擔心他摁到兩個0，撥通了國際長途），他就毫不含糊的將話筒往牆上奮力一摔，溜之大吉。為此家裡一連損失了兩部話機，還不包括無數部玩具手機。

後果之二更加嚴重，他一直分不清「媽媽」和「電話」這兩個概念，在圖畫書上看到電話機，他總指著說「媽媽」。有人問他：「外公在哪裡？」

小秒針指著躲在一邊笑得發傻的外公。

又問：「小秒針的鞋鞋在哪裡？」

小秒針跑過去把自己的小臭鞋提擰來。

接著問：「電話在哪裡？」

小秒針一臉茫然，毫無反應。

瞭解他的婆婆接過話頭，問：「那媽媽在哪裡？」

這下小秒針明白了，樂呵呵的跑去抓電話。

我常把這當作笑話講給朋友們聽，每次都引得大家哄堂大笑，我也笑，但心裡酸酸的、苦苦的，不是個滋味。

一歲多時的這一次相會也不過一個星期。從那一次到第二次相會，又是半年。後來，紫禁城畢業了，誰知我又離開家去外地讀書了。為了距離父母和我都近一點，他把工作地點定在邵陽和武漢兩個城市的中間，長沙，雖然我們倆都很討厭那個城市。紫禁城終於能夠把快兩歲的小秒針從老家接來，得以朝夕相處，而我在暑假後，也終於要再次和孩子告別。

三年間，每兩三個月才能調了課偷跑回家陪陪兒子，每次團聚的時間也不過十天一周的樣子。小秒針依然習慣媽媽在電話裡，習慣聽到我的聲音就用嫩嫩的手指摳話筒，想把媽媽摳出來。

所以，我對孩子幼年的印象，都是一段一段跳躍的。每隔一段時間見到他，總能明顯感到他高了一截、大了一圈，走時他還流著哈喇子，回來時已會走路；走時他喜歡的還是貓啊老鼠的動物動畫片，掛在嘴邊的都是「寶寶」、「飯飯」之類的疊詞，回來時，他迷戀的已經是數碼寶貝那樣的奇幻打鬥動畫片，日常詞彙中出現了「人類」、「種族進化」、「數碼技術」和「電腦科技」，都是抽象的名詞；走時他還抱著絨毛娃娃辦家家，回來時，已經跟男孩子打打殺殺、爬樹翻牆、不屑於理會女孩子了……

沒有陪伴他成長，是我的痛悔之一，導致的是母子間的陌生。而我的暴躁，則是痛悔之二，它帶來的，是仇恨。

在小秒針童年的記憶裡，想必我活脫脫是一個偶爾出現的巫婆或惡魔。我的脾氣太壞，看到他把鞋墊投進蘿蔔燉肉的高壓鍋裡，或者捧著拖鞋嚼得津津有味，或者穿著鞋踩在枕頭上樂此不疲的開關床頭燈，或者興高采烈的把廚房的碗筷勺盆搬到廁所裡扔進便池，或者雙手將香蕉抓揉成泥塗了一臉一地一桌子，或者拉著桌布把一桌的瓶罐玻璃碎得滿地，或者大手筆在白牆上揮毫潑墨，或者……我總會大喊大叫。是的，每次小秒針發明新的遊戲，而且玩得興致勃勃的時候，我的出現總是那麼的煞風景和敗興，伴隨著尖叫、呵斥和暴跳如雷。而小秒針永遠也不明白，是什麼使得大人變得那麼氣急敗壞。在小秒針眼裡，我一定是世界上最無趣、最沒有情調和想像力、最不懂得享受生命和快樂的人了。

記不得有多少次，我對著小秒針大發雷霆、大吼大叫、暴跳如雷，我對他有十二分的不滿意，他對我也有同樣的敵意。他寫作業如服毒藥的時候，我曾把他連人帶書包扔出門去，他犯了錯，我也曾多次用最難聽的字眼罵他、下死力地揍他，指望能一次把他徹底打服了（幸好這件事我沒有成功）。即使本不是他的錯，我依然可能怒吼。能記住的是二〇〇六年五月十六日，小秒針應該是不舒服了，一個晚上尿床三次，又不斷地要喝水、要吐痰，折騰得全家人都沒睡囫圇。第二天洗著四套衣褲、兩床被單，以及被套和墊被時，小秒針來上衛生間，居然又尿濕了褲子，一時惹得我雷霆發作了半天，聲震樓道。

那一段時間，我要應付學業、要考慮家庭收入、要與紫禁城磨合、要處理他和我父母的相處，還要教育小秒針，千頭萬緒，牽一髮而動全身。在精神狀態最糟糕的時候，我能真切地感覺到，自己的靈魂裡潛伏著一個魔鬼，蠢蠢欲動要出來殺人。身邊人殺乾淨了，我就自在無牽掛了。我才知道，做父母的在盛怒中打死孩子，是完全可能的。有時候，在面對小秒針時，我的心裡只有自己，眼裡完全沒有他，我把他當狂暴情緒的垃圾筒，任性地、毫無節制地發洩，一點不顧及他的承受力，更無暇顧及後果。我在下意識裡曾愚昧地認為，在所有人當中，只要小秒針是我可以肆無忌憚對待和發洩了。雖然我也知道，對他狂暴比對任何人的後果都嚴重，但我什麼都顧不得了，人無遠慮，必有近憂。我要犧牲小秒針未來的人生，來換取自己當下片刻的心理平衡。

人性的自私和愚昧，即使在母子間，也毫不輕減份量。

另外一些時候，因為對他感到愧疚，我又格外覺得應該嚴格要求他，讓他成人。而事實上，我完全把握不了對於某個年齡階段的孩子，什麼才是恰如其分的期待。我大概一直在提過高的要求，而且無視他的內心需要。所以他一直不「上道」，不願上道，或者不能上道。我的火氣與我的失望程度成正比，我的失望程度又與小秒針的倔強程度成正比。三個數值都在飛快地往上躥，很快就超出了我和小秒針的承受能力。

於是，很順理成章的，小秒針對我既陌生、冷漠，又「仇恨」。這曾是我極大的苦惱。小時候，我抱著他，會覺得他眼裡偶爾射出的是一種很可怕的光芒，誇張一點地說，就是惡毒和仇恨的光，他咬牙切齒的盯著我，用手掐我的脖子，他很有力，我的脖子被掐出一道道指痕。晚上，我看著脖子上的血痕，心裡一陣陣發緊。

很長一段時間，我都堅持認為小秒針恨我。當然他會恨我，他有理由這麼做。在他還是一個小小細胞的時候，我曾經想謀害他，我曾經厭惡他、嫌棄他、甚至詛咒他，我覺得他知道這一切，他知道我打算對他犯的罪，他就在我體內，他自然知道我心中邪惡和黑暗的念頭。還有，我為了自己的發展，從他最初的成長過程中臨陣脫逃，我給他的愛還不到我媽給他的愛的零頭。我在發洩的快感中完全不顧及過他的感受。所有這些，他都知道，他什麼都知道，所以他恨我。

這段「恨與被恨」的情感體驗，曾帶給我很多潛在的焦慮。小秒針兩歲生日的前一天，我在學校裡，有課，不能回家。那天中午做論文累了，不知不覺小睡過去，結果夢到SC阿媽、紫禁城和我一起帶小秒針出門，不知怎的，小秒針突然不見了，我們開始分頭去找，我大叫著小秒針的名字，在一個空空蕩蕩地房子裡漫無目的地奔跑，心也在空空蕩蕩的胸腔裡狂跳。房子無邊無際，我跑著跑著，就跑進了虛空中，我懸浮在宇宙深處，四下皆茫茫。正萬般痛苦時，同學來敲門，方才驚醒，心還兀自跳個不停，惶惶忽忽地難受了好久。這是我一生中，少數幾個能清晰記憶的夢之一。

我一度對我們母子的關係灰心絕望。婆婆、外公、爸爸、媽媽，四個人在小秒針的心目中排名，我從來都是最後一個；在睡夢中，他從來不要我，那是他最本真的一面；在一次並不嚴重的衝突中，小秒針甚至說過「我要殺了你」這樣的話；而我面對小秒針，總有心虛的膽怯和強烈的罪感，為了掩飾這愧疚和罪感，我又有加倍的兇狠和惡毒。每當被暴虐的情緒控制的時候，我就懷疑自己其實誰也不愛，只是一個自私到了極點的人。我只恨小秒針的質地不夠軟，不能捏成我想要的樣子。

就在那時候，我發誓要為小秒針寫一本書，除了要記錄自己重要的一段人生經歷外，其實就有某種補償、懺悔和贖罪心理在。

這些都是我作為母親成長不夠成熟的嚴重後果，幾乎不可逆轉。我用了好幾年的時間來鬆弛這種緊張的母子關係。直到他六歲以後，我們朝夕相處成了朋友，情況才有了本質性改觀，而遲至二〇〇七年，我才自認為母子關係漸入佳境，我能遊刃有餘了。至於這些「早年」相處留下的缺陷，其影響是否真的已經消解，我至今也不能肯定。（我只是不願意承認，早年的痕跡很可能是終身的。）

俗話說，男怕入錯行，女怕嫁錯郎。其實這些都不可怕。男人入錯了行可以改行，女人嫁錯郎了也可以換郎。這個世界上，唯有選擇做母親，是最不能草率決定的事情。這個世界是母親決定的，未來也是母親決定的。稍有閃失，一失足成千古恨，再回首已百年身。萬劫不復。

所以，個人心智不夠成熟時、家庭氣氛還沒有建設得溫潤柔和時、包括物質條件準備不夠充分時（這是最不重要的一個條件），還是應該慎重選擇作母親。畢竟，這事關孩子一生，也事關母親一生。

另外，我不清楚女權主義者是否反對女性在婚後或育後成為家庭主婦，但今天的我，會旗幟鮮明地支持全職媽媽的「習俗」，除非這個媽媽是作家或類似於「坐家」。女人一生當中，如果有幾年時間能專職作母親，她的人生會立體和深刻得多。女人終究是不同於男人的生靈，她們對生命的感召更敏銳微妙，她們對種族延續負有更深入和本質的責任，這是人類能做的最重要的工作之一。如此偉大的事業，是不應該分心的。

毫無疑問，女人一定要謀求社會的認可，要有自己獨立的事業，但當她生、養、育一個生命時，最好不要同時做幾件事。這不僅僅是保證足夠的親子時間的問題。事實上，如果不是因為工作、學業、家庭關係等巨多事情糾結煩心、導致我不堪重負的話，我的心態和情緒會好得多，對小秒針會靜心得多、精心得多、耐心得多、用心得多，我們的關係也不會一度那麼緊張，幾乎到了崩潰的邊緣。所以，一次只做一件事情，尤其是人生的大事。做純粹了，才能做好。我甚至認為，生命的深度和純粹度，比廣度更重要。

當然，一個女人要能夠退出社會作全職媽媽，又能夠在數年後重新回到社會，不是她一個人的事，也不是僅僅是她丈夫、她家庭的事。全職媽媽能夠領薪水嗎？她只是在為丈夫一個人撫養孩子，所以丈夫要負責全家的開支？或者，她其實是在培養一個合格的公民、一個新人，這難道不是在為社會服務——而且是最重要的服務？幼稚園、小學、中學、大學的教育者都是在工作，唯獨撫育嬰兒不是偉大和神聖的工作？全職媽媽需要整個社會的制度保證，包括對媽媽們的「考核」。國家原該投入更多的錢，用以保障這一類的民生問題。納稅人的錢，該為公眾服務，公民的錢，該用來培養下一代公民。

而我，終於就這樣失落了小秒針人生的頭幾年，他第一次睜開眼睛、第一次笑、第一次叫媽媽，我都不在場。事實上，等我畢業、安頓下來，真的有資格做他生命的見證人時，他已經讀小學了。這期間，父母付出了極大的心血，老媽有一年多的時間沒出過校門，還因為抱孩子落下了肩疼的病根，紫禁城也扮演過「家庭主夫」的角色，只有我，從小秒針的早期生命中缺席了。我辜負了上蒼的信任和他對我的依戀，對此，我已經永遠無法彌補和挽回了。

回鄉偶書

收到爸媽從家裡寄來的小秒針的照片，真是漂亮得匪夷所思，就那麼一眼，我馬上狂熱地愛上了他，他實在是讓人心碎：完美無缺、玲瓏剔透、妙趣天成、巧奪天工。

那一刻我徹底明白了，孩子不是我生的，他是天生的，他的燦爛如陽光的笑，他的清涼如寒星的雙眼，他的無邪如冰雪的心靈，他的亮麗如春花的小臉，他的一切一切，他的美之致，清純之致，那都是上天之功，而我居然讓他委屈地歸屬我的名下，實在是「貪天之功以為己力」。

我在極愛的迷亂中怎麼也想不起他是從哪裡來的。多神奇呀，他曾是孕育在我體內的一個細胞，僅僅是一個細胞而已，但這個細胞是我身體的最大奇蹟和奧妙，我通過神奇的、造化預設的通道，與他接觸，與他交流，與他分享養分。他成長，他變化，他開始有了大腦和身體——他成為他自己。

他小小的身子在飄游時，他知道自己的處境嗎？就像我們在地球這個小小的、懸空飄遊著的星球上時，對自己處境的感知和認識。

他愛他最初的家嗎？那是一個液態的、溫暖的世界，小而封閉，卻平和安逸。沒有寒冷，沒有邪惡，衣食無憂。一旦他出世，這樣的勝地便永遠的消失，只能存在於幻想和追憶中。從桃花源到烏托邦，從太陽城到共產主義，人類古今中外，一代又一代人的渴望，其實不過是對母體子宮的追憶而已，是的，女性的子宮是人間唯一的仙境，是俗世裡唯一的奇蹟，子宮萬歲！

只是孩子已經出世，人生是單行線，產道是不歸路。

放假回家，我終於有機會陪著他了。我常常坐在草地上，看著小秒針蹣跚而行，看著他結結實實的摔一跤後賴在地上不起來，左顧右盼的等人來抱他；看著他笨手笨腳地抓蝴蝶，然後悵然若失的眼望彩蝶翩飛；看著他傻頭傻腦的盯著別的孩子手中的玩具或食物，流著長長的口水，不知不覺的跟著走出老遠；看著他興趣盎然的望著天邊，像哲人一般靜默冥思；看著淒淒芳草地上星星點點的小野花，花草上舞蹈的白蝴蝶，踉踉蹌蹌追逐著蝴蝶的小人兒……我常常就這樣醉了，幾個小時在迷醉中轉瞬逝去，而我真願意就此死過去，讓時間永駐。

老實說，我對孩子的愛，極大地超出了自己的預期。另一方面，我也難以想像，孩子會在那麼大程度上改變我。這種改變是潤物細無聲的，但力量之大，連我自己都吃驚。或者說，孩子對我生命本性挖掘之深，令我難以置信。如果沒有孩子，我永遠不知道自己是這樣的女人：比如說，我能自己生孩子。這是我平生最驕傲的幾件事之一。因為在此之前，我從來連想像一下自然分娩都不敢，我能想像的生孩子，那一定是打麻醉的剖腹產。

又比如，我一貫認為自己剛毅、強硬、冷酷、理性、自私，從來想不到我的生命裡，還有這麼這麼幽深的柔軟、感性和溫情脈脈，深淵一般，不見底。

對我來說，孩子就是一連串的奇蹟，一個奇蹟接著一個奇蹟！因為他，我開始寫童話故事；因為他，我早早篩選、編輯和整理了「兒童需要背誦的古文詩詞」；因為他，我杞人憂天、未雨綢繆的編寫了兒童性教育教材；因為他，我開始關注兒童心理和兒童教育問題；因為他，我開始記得常常給家裡打電話；因為他，我的生命有了美麗而痛楚的牽掛；甚至因為他，我不再通宵熬夜糟蹋身體……

有了小秒針後，我幾乎生出毛病來，在路邊看到女童，會止不住地盯著觀察，無恥地疑慮和揣測，不知道她們中的哪一個將來是和小秒針共度一生的人。誰會成為我的媳婦？我們婆媳能不能相處好？媳婦的性情、長相、智商，會如何影響我的孫子孫女？我暗下決心，一定要把好關！

對我來說，「家」這個概念，曾經是爸爸、媽媽和我，三個人。後來變成了我和紫禁城，兩個人。但有了小秒針之後，我能想到的「家」，永遠都是一個龐大的家庭群：我的親家、親家母、媳婦、孫子、孫媳婦、孫女、孫女婿……我知道這樣很可笑，但如此無端的想像也很甜蜜，我樂此不疲。

終於，他玩累了，午飯後睡了。我靜靜地守著他，讀他。他的眉毛在眉尖梢頭奇怪而頑皮的打了個小卷；他的睫毛長長的覆蓋著大眼睛，即使睡著了還在不安分的微微顫動；他的有趣的蒜頭鼻像我一樣鼻孔朝天，鼻翼在陽光下薄如蟬翼，隨著呼吸微微的扇動；他顯然很敏感的嘴唇薄薄的，線條柔和而纖細；他的手肥嘟嘟地搭在身上，彈指欲破；他右腳大腳趾上那顆黑痣圓潤飽滿……他的一切都是那麼通徹透明，那麼婉如溫玉。讓我心尖尖兒疼，有時又無端的擔心他太過柔媚了些，不似錚錚鐵骨的男兒。

陽光下讀幼兒，這情景美得讓我心疼心碎，民國時期作家無名氏的東西我並不喜歡，唯獨有一句，我很是偏愛，他說「嬰兒似一尊小玉佛」。真正傳神，小秒針就像一尊小玉佛，特別在陽光下，皮膚都是半透明的，晶瑩剔透。

無名氏還有一句話，說的也甚好：「社會是一台烘乾機」。果然，如此水靈靈的一個生命，最終總會在社會和歲月中變得憔悴、粗糙、生硬和冷漠，想來真是可怕。

在最初的歲月裡，我對小秒針懷著莫名的歉疚，因為我沒有能夠征得他的同意，就將他帶到這個世界上來，我知道，這個世界充滿了恐懼、黑暗和苦難，但我還是讓他來了。那時我就想，這個小人兒是誰呀？這個可愛的小生命是什麼樣的？如果生命是我給他的玩具和禮物，他會喜歡嗎？他會這麼玩這個禮物？

我和他，兩個獨立的生命，因為造化的恩典和命運的青睞，在他生命最初有了密切的關聯，這是怎樣的緣分！為什麼偏偏就是他，現在成了我的孩子，造化為什麼偏偏讓我成為他的母親，他的監護人，他生命的見證人？

我知道有很多為人父母的在孩子尚在孕育中就給予了巨大的希望和期待。我能夠理解他們，可是我不，我所祈禱的，在他出生前只是他健康，在他出生後只是他快樂。也曾想孩子長大後讓他學一門樂器，以彌補我五音不全的遺憾，但這一刻，我想，如果他不願意，就什麼都不學。就算他以後是帕瓦羅的，我還不照樣五音不全？他有他的路，我有我的路，我們倆都該好好走。

我不指望他有大出息。甚至不指望他接受正規的集體教育，如果他上學，我也不過希望他的成績能保持在中等稍偏上的水準。當然，這樣的期待值裡頭，也許隱含了某種自信甚至自傲，我相信我們給他創造的家庭環境能保證他差不多哪裡去，但是更重要的，我討厭又鄙夷風行全社會的「成功學」，對於豐功偉業、拯救人類、為民請命、英雄豪傑、天下己任、為萬世開太平一類的「宏圖大志」有本能的反感，我不認為人生的價值在於成敗，就像此時此刻，我守在孩子身邊，感受著單純的幸福，當下一刻，人生便圓滿。我希望他守著他的生命，也能這樣單純地幸福著。

但願我給他的生命，不是一個慘烈嚴酷的戰場。

這麼說或許有些誇張，但我確乎在孩子身上看到了太多哲學的萌芽，而且，這些恰巧發生在我攻讀哲學學位期間，不能不說是一種奇妙的經歷和體驗。哲學就隱藏在日常生活中，在我帶孩子的點滴中。

小秒針哲學

自我意識之自我同一性

兩個月大時，小秒針的脊椎開始變硬，可以豎著抱起來了。五個月大，一個陽光明媚的早晨，我把小秒針抱到陽臺上，小心翼翼地抬起他的背，他坐了起來。這是他平生第一次坐。

小秒針一坐起來，就看到了自己的腳，這是他平生第一次看到自己的腳丫子，多有趣啊，粉紅色的、肉乎乎的、像皮袋灌了水一樣，半透明而富於彈性，每個灌水皮袋還開著五個小衩，能一動一動的！左邊那個大衩面上，還有一顆大大的黑痣。真是玩味無窮。

小秒針一下子喜歡上了這個新鮮「玩具」，一點不錯眼神地盯著它看，聚精會神、饒有興趣盎然。他還試圖伸手去觸摸它，很遺憾，暫時還夠不著。

隨著身體的成長，世界在變大，空間在擴展。小秒針有越來越多的自由和能力，包括能夠玩自己的手指、腳丫和小雞雞，他玩得專心、投入，就象玩其他任何玩具一樣。

他完全不知道自己的身體是一個整體，腳丫子是其中的一部分。

我總忘不了一個笑話，孩子問媽媽：「我是怎麼來的？」回答：「是媽媽生的。」孩子追問：「怎麼生的？」媽媽回答：「先生寶寶的頭，再生肩膀，然後是身子，最後是小腳。」孩子不依不饒的問最後一道程式：「然後，是爸爸用螺絲釘把我組裝起來的吧。」

自我意識之自我概念形成

「媽媽不吃，小秒針吃。」

「婆婆來，小秒針尿尿。」

「爸爸唱歌，小秒針覺覺。」

直到兩歲，小秒針還一直叫自己「小秒針」。

多有趣，孩子首先會的總是名詞，而且是專有名詞。一個名詞指代一個對象，所以他很早就明白「小秒針」是誰，卻不明白「我」的存在。每個人、每樣東西都有一個名稱，他不能理解代詞是幹什麼的，也沒有完全的自我意識，沒有意識到自己與別人的對立，所以他決不「自私」，願意把任何好吃的好玩的東西交給索要的別人。

我拿著一粒糖，問，誰想吃糖?他回答：「小秒針吃。」

逗著他玩，我說：「不給小秒針吃，給我吃吧。」
他反對說：「不給我吃。」他認為「我」就是他媽媽我。
SC皇太后永遠站在孫兒一邊，說：「就給他吃吧。」
小秒針得了援助，接過話頭說：「是啊，給他吃。」
我配合動作指點著，問：「我吃，還是你吃？」
小秒針毫不猶豫：「你吃。」
「那我吃了。」我做勢要吃。
小秒針急得大叫：「我不要吃，你吃，給你吃嘛！」
他把代詞當名詞用，我=媽媽，你=小秒針。
行為動作和言詞表達的指向正好背道而馳，被他如此一攪和，我都暈了。到底要誰吃啊？

自我意識之捉迷藏

一歲，小秒針完全可以自己走動了。有一段時間，他最喜歡玩的遊戲是捉迷藏，紫禁城很弱智地躲到門後面，說：「爸爸躲起來了，小秒針能不能找到爸爸？」小秒針蹣跚過去，把門一拉，父子倆相對哈哈大笑。

接著輪到小秒針藏、爸爸找，我一喊開始，小秒針就用胖乎乎的、並不靈活的小手，笨拙的蒙上了自己的眼睛！

我們在最初的驚詫後大笑起來，這可真是鴕鳥式的捉迷藏啊。小秒針一定以為，只要他不看，世界就消失了，他也消失了。他並不明白把「自己」藏起來的意思。

金嶽霖說，人「看」，而後能「見」。那個世界並不因為人的「看」而存在，也不因為不看而消失，但人必須看，一「看」，便「見」不到康得的那個物自體世界了。

小秒針的眼一蒙，是要回到他自體呵。

好脾氣的紫禁城依然陪著兒子玩捉迷藏，不過簡化成蒙住自己的眼睛說：「咦？小秒針呢？小秒針怎麼不見了？」然後誇張的把手張開，做發現新大陸的狂喜狀：「哈，找到小秒針了！」每次都逗得小秒針哈哈大笑，紫禁城也省卻了往門後跑來跑去的麻煩。

我覺得有必要引導小秒針的自我意識，讓他知道什麼是「藏自己」，就是讓我看不到他。他明白了，蹲在椅子旁邊，可每次我假裝說：「小秒針呢，小秒針藏在那裡呀？」他就很得意的站起來，哈哈大笑。

自我意識之我是誰

「媽媽，我還在你肚子裡的時候，你知不知道那就是我啊。」

我沒想到他會提出這麼有水準的問題來。我試探著問，你說的「就是我」的「我」，是什麼意思？

「你知道那個人就是我小秒針嗎？」

「你是問，你在我肚子裡的時候，我知不知道你叫小秒針？」

小秒針肯定地點頭：「嗯。」

「我當然知道你叫小秒針啊，因為你的名字就是我取得。我也可以叫你別的名字，這個由我說了算。」

「我在你肚子裡的時候，是沒有名字的？」小秒針大吃一驚，「那你怎麼會認得我？」莫非他認為名字是他的本質？或者他一出生就帶著標籤？

貨名：小秒針

定價：連城

淨含量：不定，≧3100克

保質期：不定，≦200年

保存方法：20-30攝氏度，陰涼通風處

最後還用粗黑字體寫著：貴重物品，輕拿輕放

我儘量用孩子能懂的話說：「我知道自己肚子裡有個寶寶，就給他取了一個名字，叫小秒

針。」

小秒針很不確定地問：「要是你肚子裡的人不是我，你也會叫他小秒針嗎？」

我想了想，點頭說：「是的。」

小秒針流露出傷心來，說：「原來你不認識我啊，你都不知道我這個人。那你是什麼時候開始認識我的？你怎麼知道我這個人的？」

我想，他說的「我」，到底是什麼？我慢慢回答說：「我知道有一個小小的身子在我的肚子裡。那個小身子就是你吧？」

「才不是啊，」小秒針很乾脆地否定，「那時我還不會說話、不會高興和不高興呢。」這麼說，他已經意識到他的肉體也不是他的本質了？

「那你是誰呢？」我故意問。

「就是我啊。我這個人。你怎麼會認識我的？」

「我……」

……

那天的那場對話，後來在母子兩個都暈菜的狀況下不了了之。我就知道，我可以說出很多不是他本質的東西，唯獨說不出他的本質是什麼。我的小秒針啊，他是誰呢？從我檢查出懷孕開始，我知道了「它」的存在。可當時的那個受精卵決不是小秒針自我認同的「我」。小秒針的那個「我」是誰？我又是什麼時候開始知道那個「我」的？

他的「我」，是好深奧的哲學啊。

主客對立

小秒針早早就明白了自己與世界的對立。當他踮起腳也拿不到桌上的蘋果時，當他的玩具汽車卡在牆角拽不出來時，當他扯磁帶被纏住雙手時，他開始哇哇大叫。我想，在這哇哇大叫中，他或許開始意識到自己的弱小和世界的強大，意識到了外物與自己的不諧、抵觸和對立，他不是無所不能的，世界——這個現實的、堅硬的、冰冷的世界——是他心願的一個障礙。

但是他慢慢有了自己對抗世界的方法，比如，最簡單的，踮起腳尖。然後是利用工具。他開始爬到沙發上去摘電話，搬小凳子來踩著攀高，用棍子扒拉床下的玩具車。

人類最早就是這樣一點一滴地反抗嚴酷的大自然吧。粗糙的石器，簡陋的獵具，因為意識到自我的存在，意識到自我與客觀世界的對立，於是有了慾望，有了發展。要讓世界遂我的心，要讓自己更自由。

認識能力之抽象思維

我開始給小秒針學前教育，結果很快就被他震住了，孩子原來天生具有驚人的抽象思維能力。其實，很多東西是我沒法教給他的，比如純數學和幾何。我沒法教他1，只能說，一個蘋果是1，一個橘子是1。他就能從一個蘋果、一個橘子當中歸納出純粹的1，抽象的1。又比如圓，臉蛋是圓的，球是圓的，西瓜也是圓的，但它們都不是幾何學意義上的「圓」，真正的、純粹的「圓」在現實世界是不存在的，但孩子卻能理解抽象的圓。

我拿出一張卡片，上面畫著一個大紅色的圓圈，這是「紅色」，他明白了。我又用同一張卡片告訴他，這是「圓」，他也明白了。這是多麼不可思議呀。他如何能理解我的話語，又怎麼從同一個事物中區分不同的屬性？

我又拿出一張卡片，上面畫著一棵榕樹，這是「樹」，是tree。第二天帶他出去散步，他突然指著一棵樟樹說：「樹。」這個簡單的學習中間有個複雜的思維過程，首先，他從卡片上的這一棵榕樹和那一棵橡樹中歸納出「樹」這個概念，接著他用樹這個概念來「套」世界上的事物，於是斷定這一棵樟樹也是樹，這是演繹。我能教孩子的很有限，全靠他自己用歸納和演繹將知識組織起來。

抽象、分類、歸納和演繹，這些都是奇蹟。天然的思維能力。難怪柏拉圖說，我們天然就知道，學習只是回憶起過去知道的東西。

求溯本源

紫禁城不知道從那裡搞到了一套臺灣版幼稚教育的材料，有故事、音樂、百科知識、為人處世，除了有臺灣口音外，簡直十全十美。小秒針玩的時候，電腦就開著，放給他聽，不知不覺中，他居然學到了很多東西。

一天晚上，睡到床上，小秒針突然問，媽媽，你知道柏拉圖和他的「理念世界」理論嗎？我驚呆了，說，嗯，聽說過，那你知道嗎？

小秒針開始用臺灣普通話解釋「理念世界」，流利極了，還舉例說，有一個杯子的理念，是完美的，世界上所有的杯子都是模仿理念的杯子。

讓我更吃驚的是，「播音」結束後，他開始用正常的聲音反駁柏拉圖：杯子本來就有不同的形狀，什麼算是完美的呢？還有，現實世界是理念世界的影子，是照著理念世界作的，那理念世界是照著什麼做的呢？

人類最早的哲學，就是像小秒針這樣，從不斷地追溯本源而來的呀。一直往上追，所以我給小秒針講故事，盤古開天地、女媧造人。小秒針會很不滿意，質問道，如果人是女媧造出來的，那女媧是誰作的呢？

哲學的第一塊版圖宇宙論，就這樣開始了。

表情和人的奧秘

小秒針吃飯時專注、投入，對肉食的態度近乎虔誠。我喜歡坐在他對面看他吃飯，享受一種靜靜的沉醉感。

小秒針正在對付一個大雞腿，忙裡偷閒地問：「媽媽，你為什麼笑？」

我並不知道自己笑了，順口回答：「因為媽媽高興啊。」

小秒針疑惑地看我一眼：「人高興的時候為什麼要笑呢？」

這是一個難題。我想了想，回答說：「笑是一種表情。人有很多種表情。高興的時候大家都是同一種表情，我們把它叫做笑，不高興的時候都是另一種表情，我們把它叫做哭，不滿意的時候又是一種表情，我們把它叫做生氣。」

小秒針的問題跟著就來：「為什麼大家高興的時候會是同一種表情？」

是啊，為什麼人心情愉快的時候，嘴角就上翹，而不是相反？

於是，我們開始做一個新遊戲，表情是笑的，但用哭腔說話；或者表情悲哀，聲音怒吼；或者表情暴怒，聲音愉悅溫柔。

結果發現，表情和聲音的錯位非常難，佛家講「相由心生」，西塞羅講「臉是思想的肖像」，算命的說「面為靈宅」、「面者神之庭」，都極有道理。內心愉悅的人，表情自然舒展柔和，內心陰鬱，眼神就陰鷙了，內心焦慮，眉頭自然緊蹙，滿臉線條都生硬。內外的這種聯繫，讓小秒針百思不得其解。

小秒針還問過這樣的問題，你怎麼知道我高興？他故意表情錯位，在高興的時候做出一副哭相，說，他跟別人不一樣，別人高興的時候是☺這樣的表情，而他是☹這樣的表情。這其實提到了一個重要的問題，人和人的理解是加入經驗材料的外在判斷，所以，理解只是相對的，隔膜才是永恆的、絕對的。

發展到後來，小秒針對「身體會聽話」產生了興趣。他心裡想著要喝水，手就會聽話地伸出去拿杯子。為什麼手那麼聽話？手可不可以不聽話？心裡想喝水，手卻去開電腦？他故意這樣跟自己搗亂，當作好玩的遊戲。他發現了一個秘密，小孩子可能不聽爸爸媽媽的話，但一定聽自己的話、心裡的話。他纏著我問，人為什麼會聽自己的話？

我抱著這個小小的哲學天使，笑得說不出話來。肉體和靈魂，身心同一性，是最根本的哲學問題之一。讓我怎麼跟一個兩歲的孩子說？拿笛卡兒的松果腺騙他，還是借用萊布尼茲的上帝？[1]

而且，「人就應該聽自己的話，聽自己心裡的聲音和命令。」我強調說。這句話，他長大

1 笛卡爾，那個說「我思故我在」並創立解析幾何的人，說，人的靈魂住在大腦的松果腺裡，身心由此樞紐互相交感。萊布尼茲，那個跟牛頓狂爭微積分發明權、建議康熙成立中科院並申請加入中國國籍遭拒的人，說，是上帝預定了人的心靈和肉體的和諧同步。

之後，面臨選擇時，會更有用。

為什麼

自從學會了「為什麼」，小秒針開始不問青紅皂白的頻繁使用這個詞，對大人來說，有時簡直到了無理取鬧、令人髮指的地步。

「太陽為什麼要下山？」這樣的問題還可以回答，因為地球在轉。「地球為什麼要轉？」不為什麼，地球就是在轉。

「電視裡的抹香鯨為什麼不動了？」這樣的問題也可以回答，因為它自殺了；「它為什麼死了？」因為它缺氧；「它為什麼缺氧？」因為它只有腮沒有肺；「它為什麼只有腮沒有肺？」因為……不因為什麼，它就是只有腮沒有肺。

那麼好吧，「人為什麼有肺？」是啊，人為什麼有肺？

「大自然的安排，造化的決定。」我猶豫了一下，避免了用「上帝」、「神」、「造物主」之類傾向性太明顯的詞。

「大自然為什麼要這麼安排？」

我終於忍無可忍：「我為什麼一定要回答你？」

「你為什麼不回答我？」

我七竅流血、倒地身亡。

但是，真的，有時候會覺得不可思議，一朵花兒開了，又謝了；一隻小獸出生了，它奔跑、捕獵、發情，然後衰老、死亡；一個人吃下的飯變成力氣，力氣用於搬運，搬運換來錢，錢用來買飯，飯吃下去又生出力氣，如此循環，直至死亡。這一輪一輪的循環，都是為了什麼？

你可以很快的回答：為了族類的延續繁衍。沒錯，但是世上萬物為什麼要延續繁衍？不為什麼，就是本能。那麼，誰製造、安排、規定、設立了這樣的本能？為什麼要這樣製造和規定？

當然，這樣的追問可能很愚蠢，因為陷入了目的論的預設。可是，捨棄目的和意義的追尋，人類的靈魂有多大的力量，能扛住這一份茫茫的虛空？一切都有預定的安排，一切都預定會結束，一切東西都還有意義嗎？意義和虛空，本是二位一體，一幣兩面，只在於個人的設定，翻手雲覆手雨。

所以說，最根本的問題，是價值觀。

由誰決定或人類的命運

小秒針感冒了，一般情況下，聽之任之，或者喝點板藍根，嚴重時便吃中藥。板藍根和中藥都叫做藥，但板藍根微甜，小秒針喜歡，中藥極苦，誰都不愛喝。

這一次又感冒了，先吃了兩天板藍根，不見效，於是我煎了藥。

小秒針沒有防備，喝了一口，苦著臉說：「怎麼不是板藍根啊，我不吃這個藥，我吃板藍根吧。」

我聲色俱厲：「吃藥還有選擇啊？這不由你決定！」

小秒針改用商量的語氣：「媽媽，你給我吃板藍根，好不好？」

「這也不由媽媽決定。」

小秒針困惑了：「那由誰決定？」

「醫生說吃什麼就吃什麼。」

「那醫生聽誰的？」

我一時語塞了，吃什麼藥是由醫生決定的嗎？那醫生又由誰決定？

一切都由自然法則決定。所謂「客觀規律」。

可是，自然法則從何而來？誰是自然法則的制定者？誰又是執法者？由誰來保證法則的公正合理？——誰說自然法則一定是公正合理的？

還有，人類為什麼是這樣的命運，對於至高無上的法則，只有俯首貼耳、唯唯諾諾遵循的份。人類的智慧，就表現在認識法則，構建聯繫，人類的理性，就表現在遵守法則，惟命是從。這就是人類的尊嚴和價值？那麼，人的自由又表現在哪裡？被決定就是人類永恆的命運？

最馴服的奴隸才是最自由的？人可能自由嗎？自由是什麼？

或許，可以將現代物理學的量子力學胡亂引申，說，世界的運轉本沒有規律可言，人類社會的發展也沒有規律和必然性。

到底有必然性才能自由，還是沒有必然性才得自由？這是不可解的問題。

罪過和救贖

叔本華說過，el delito mayer des hombre es haber nacido（人最大的罪過是降臨人間），沒有比這更違背事實又蠻不講理的話了，在「降臨人間」之前，根本就沒有人。所以，也沒有「人」降生。這就像對「時間產生之前」的猜測一樣，問題本身就是自相矛盾的。

當幾千萬上億的精子在陰道裡歡呼奔突和嬉戲時，沒有哪一個是懷著「成人」的志向的。卻有其中的一個或幾個，像醉酒的劉姥姥誤闖進寶玉的怡紅院，於是有了之後好長一段孽緣。

我倒覺得，人最大的罪過是讓他者降臨人間。這是宇宙運行中最大的不公正：自己做的事，讓別人來承擔後果。將他者強行拽入人世，平白地讓他承擔為人的一生。為了彌補這錯誤，就要養他育他愛他寵他，指望他活得好一點。多少年來，學者們總說，父母對子女的愛，是出於種族繁衍的本能。我更認為，這種愛其實是出於求贖本能。對自己行為的彌補和救贖。

據說遭受過巨大禍難和深度心理創傷的人，比如從集中營出來的人，會堅決選擇不生育孩子。這種決絕的自我終結，大概就是因為他們深深瞭解了生而為人之可怕和自我救贖之不可能吧。

再往遠處想一點，很多思想到深處的人，比如哲學家，會選擇不要婚姻和孩子。古代中國遇到謀逆的，要滿門抄斬，從生理學上講，未必沒有道理。總之，人類從長遠來說，會逐漸淘汰各種思想和行為極端的基因（比如反骨的基因、深刻悲觀的基因等），整體上趨向於平庸和常態，從而越來越適於生存。注意，平庸並非無能，而是不要太能，也不要太弱。這個世界，屬於平庸的大多數，比如我輩。

洞

「媽媽，這裡有一個洞。」小秒針叫。他又在用手指摳那把破沙發，海綿被摳出來，豁著一個黑洞。是他幹的，他有成就感。

若在平時，我早就咆哮起來了。這個破壞狂！不過今天我沒心思。從艱澀的「神正論」裡拔出頭來，我茫然地望著小秒針和他的傑作，接著，似乎在酷暑中被兜頭澆了瓢涼水，我清醒過來，豁然開朗。

我抱著孩子，問：「洞是什麼？」

小秒針抬頭看我，沒有明白。「洞就是洞啊。」

「你再找個洞給我看看。」我笑吟吟的。

小秒針飛快地抓起桌上的麵包，摳了一個洞。麵包洞直伸到我臉上。

「洞在哪裡？」我堅持問。

肥指頭點著戳著：「這就是洞！」

「這是麵包。」我說，「這不過是少了一小塊的麵包。你說『有』一個洞，其實沒有，只是麵包不那麼完整了。麵包是『有』的，完整或者不完整，而洞是『沒有』的。」

小秒針吃驚地看著我，有點迷惑又有點興趣的笑起來。

所以，中世紀聰明的辯護律師奧古斯丁為上帝辯護說，沒有惡，只是善缺了一個洞。[2]從那以後，小秒針學會了從哲學的高度理解我對他的愛。但凡我揚手要打他，他就說，媽媽的愛缺了一個洞。

說得我非常羞愧地趕緊補洞，忘了揍他。

[2] 上帝是全善全能的，他創造的人間卻有罪惡。為上帝的正義辯護就是「神正論」。奧古斯丁說，上帝懷著善意照顧人類世界，但善會有窟窿。

上幼稚園了

二〇〇二年八月二十八日，是小秒針一生中一個重要的日子，他上幼稚園了。

這是人類邁出的一小步，但卻是小秒針個人邁出的一大步。而我等小女子，天生的境界不高，關心不來人類的宏偉跨步，只會關心每一個人的每一步。

上幼稚園，是一件極大的事情，其意義不亞於第一次獨立邁步。孩子由此邁出離開家庭、進入社會群體的第一步。

送兩歲三個月的小傢伙去幼稚園，我有諸多顧慮。倒不是擔心吃飯、睡覺、大小便之類的問題，而是一種心理的失重。

此前，我雖然較少時間親自帶他，但是與父母、紫禁城保持熱線聯繫，他的一舉一動，點滴變化，我基本上還是知道的，清楚他每一言談舉止的來歷，明瞭他每一思想的出處，知道他每一筆「財產」的去向：喜歡吃土豆絲是我家SC老祖宗的隔代遺傳；舔了指頭翻書的動作與老夫子[3]神似；「為

3 簡單介紹下我老爹。一輩子的中學國文教師，在學生眼裡迂腐、嚴厲、不苟言笑，操一口飽含鄉音的國語，把人都笑翻了，他還一臉嚴肅，很認真地思考別人為什麼發笑，笑的本質是什麼。人稱「老夫子」。但他是我所知最好的老師。證據之一是，上課時忽降瑞雪，南方的大雪是罕見的，老夫子當場宣佈，全體學生去操場打雪仗。學生們瘋狂愛他也愛不夠，整整兩節課的作文課耶！玩夠了回到教室，當天的作業佈置下來，課上的作文課後

什麼這麼說呢」是紫禁城的口頭禪；先拍桌子再怒吼，對我的標準模仿；全身扭出的奇怪造型，那是電視裡迪加奧特曼的pose；口袋裡總揣著的，是舅爺爺送的不倒翁……

可是一旦進入幼稚園，情況就完全不同了。他開始接觸另一個全新的世界，這個世界是我不熟悉的。這讓我不放心，更多的是失落：我不再是他生命的全部。

第一天送去幼稚園，我的不適應超過了小秒針。幼稚園的設計非常愚蠢，弓形鐵門連著一個走廊過道，黑洞洞地像魔鬼大張的嘴。樓梯上鋪的紅地毯延伸出來，根本就是魔鬼的舌頭。我眼睜睜看著小秒針羊入虎口，一步步走進那個對我和他來說同樣陌生的黑暗所在。孩子消失了，我的心忽悠一下，像風箏從半空跌落，還飄零隨風，半天著不了地。心裡默默地祈禱，孩子，你要開始新生活了。你將認識父母家人以外的人，以後的很多時間，你將和非血緣的人在一起。你們的關係和相處，將建立在契約和約定、而非天生血緣的基礎上。這是一個大變化。好運，好運。

當天晚些時候，我還是嘗試著偷偷溜了進去。兩歲到兩歲半的孩子被分在托中班，教室佈置得很生動，班上有很多玩具，老師在彈琴。看起來，小秒針很安靜，他坐在角落裡，一味地玩著，絲毫沒有意識到，在這個屋裡和別的小朋友一起玩，與在家裡獨自玩是完全不同的。

第一天，還是出了問題。

補，800字作文《雪》。現在的中學老師，要追求升學率，要規範教學，要遵守學校規章，沒人敢這樣公然違反課程安排，隨意處置課堂。有了教育管理的規範形式，沒了教育的靈魂。

下午接他回家，他有點鬱鬱不樂，卻不是因為戀家。問了半天，他才氣吼吼地控訴：「陳哲搶我的玩具了，哼！」

他遇到了新情況，而我也面對一個新的教育問題，我非常無力地開導他：「這是小事，不要計較這些小事。」小秒針到底氣不平，整個晚上都在念叨：「壞陳哲，搶我玩具，哼！」

陳哲，這是一個我沒聽過的名字，指向一個我不認識的人，連著一件我沒親歷的事情。我知道，這樣的陌生，以後會越來越多的。

果然，過不多久，小秒針的變化便昭然若揭了。他表示興奮的方式變成了雙手握拳、曲臂，雙膝微曲，口喊「哦耶」，那叫一個傻；他張開雙掌對著我，要玩的是我一無所知的某種遊戲；冷不丁來一句長沙話，你ho該羅，讓我一愣一愣的；突然哼起一支我從沒聽過的小調調；轉眼又說到一個我聞所未聞的名字……最讓我抓狂的是，不久後的一天，晚上叫他起來尿尿，小秒針睡得正香，很是惱火，怒道：「不要騷擾我。」我當場就要崩潰了。第二天早上再審他，他卻什麼都不知道。

這些事兒是我鞋子裡的沙，陌生又堅硬，很是打腳。對我來說，他的生命中摻入了「雜質」和「異物」，他的某些思想觀念、行為習慣、包括知識、詞彙、小動作……不再是我熟悉的，也不是我能控制的，這種感覺真難受。曾經，我痛恨小秒針讓我不能控制自己，現在，我又痛恨幼稚園讓我不能控制小秒針。

為了對抗這種「失控」，我轉眼間變成了世上最囉嗦的老太婆，或者最愛打探小道消息的長舌婦。接他回家的路上，我一遍遍的問，在幼稚園吃什麼了？玩什麼遊戲了？老師說什麼話了？睡覺跟誰挨著了？認識誰了？跟誰成朋友了？怎麼成的？你說什麼了？他回答什麼了？你又說什麼了？他又……

小秒針懶洋洋的，有一句沒一句地搭腔。我不懈地挖掘，小秒針終於不耐煩了：「你有完沒完呀？」，抬頭見到一女孩，徑直搶過去撈了人家的手，「啦啦啦」地跑了。留下我一個人瞎捉摸：這個女孩是誰？叫什麼名字？多大了？在哪個班？她爸媽哪個部門的？他倆怎麼認識的？平時玩得多嗎？為什麼跟她玩？……

好在胡思亂想多了，自我警惕機制開始自動運轉。我自然知道，這種控制欲是有害的，不能任由它氾濫。雖然我仍然固執地堅持認為，在我的掌控和調節下，小秒針的世界會好一些。但或許我高估了自己的能力？我對自己不該如此信任和放縱的。即使我足夠英明，一個人給予孩子的人生營養也太過單一，孩子的成長不能偏食，否則會營養不良的。我就這樣說服了自己，要克服自己的控制欲、不安、失落、幽怨、沮喪、自我否定，放飛小秒針。

有了這樣的自我教育墊底，我對後來發生的種種悲慘的事情多少有了些預防。比如我第一次尖銳地感覺到代溝，是在小秒針兩歲半的一天，這似乎早了點，但事實就是來得這麼突然又真實。

我帶他去超市，照例要到圖書音像區轉轉。我挑光碟的時候，購物車裡的小秒針突然叫起來：「媽媽，我要看書。」

「什麼書？」我問。

「叮噹貓。」

我當然知道從小島國船來的那個很誇張的卡通形象，但絕沒有熟悉到它能夠自動跳到我眼前的程度，我的視線茫然地在一大堆花花綠綠的兒童讀物中逡巡，找不到目標，小秒針急得叫起來：「那裡！那裡！！」這時，一個正在看書的四五歲模樣的男孩子，似乎忍無可忍的順手撩起一本書給我，說：「阿姨，這是叮噹貓。」

是的，這就是叮噹貓。我只是不明白，小秒針和那個男孩子，為什麼能在世界萬物中，一眼就發現這只傻乎乎的大頭醜貓。

小秒針迫不及待地搶過書去準備翻看。

男孩回過頭，教訓似的說：「這是一本地圖書。」小秒針馬上接上話頭，道：「哦，那我要故事的。」

小男孩麻利地給他換了一本，兩個小傢伙埋頭看起來。我在旁邊，看得眼花繚亂，一頭霧水。明明是卡通圖畫書，怎麼又成了「地圖書」？事後不恥下問，才明白，原來所謂地圖書，就是每頁一個迷宮，一個箭頭指著入口，一個箭頭指著出口的那種。而所謂故事書，相當於我小時候看的連環畫，有故事情節的。

小秒針和男孩子各自沉浸在他們的圖書中，我知道他們是相通的，而我現在站在這裡看他們，卻進入不了他們的世界。他們有他們的共同語言，我不懂的語言。還有他們共同的圖書、共同的世界。

May I come in?

從超市居然巧遇到了小秒針的同學。兩個小朋友大聲喊著對方的名字，手拉著手，自顧自地在前面橫衝直撞，把兩個狼狽的媽媽甩在身後。我跑步跟在後面，突然就傷感起來：從什麼時候起，我就越來越多看他的背影了？恍然記起，我們家一個親戚的孩子上小學四年級了，有一次做媽媽的抱著孩子親了一口，小傢伙飛快的從媽媽懷抱裡掙脫了，用力的擦臉頰，皺著眉，非常嫌棄而不滿地高聲質問：「你幹什麼呀！」

我知道，這也將是我的命運。現在就已經開始了。小秒針用背對著我，是他開始面對外面的世界，我該為他高興。另外，現在，小秒針還能安靜的坐在我懷裡看電視，我應該百倍的珍惜，我知道，這樣的日子不會太多的。

兒大不由娘，總有要放手的一天。今天不放，明天也得放的，放手越晚，他起步越晚、走得越蹣跚。與其這樣，就放開了吧。他終有一天會從我身邊這樣的跑開，跑向他的世界、他愛的女孩。作為母親，在孩子快樂而勇敢地奔向他的太陽時，我註定只能淹沒在他投下的影子中，注視他的背影，為他祝福。

這就是做母親的命運——註定悲慘的命運。

記取那些歡樂

感恩

從小讀詩詞，生命和光陰之感深入骨髓和靈魂。記得很早的時候讀《薤露歌》和《蒿裡曲》，不知怎的有格外彆扭的感覺，不願再看第二眼。很久以後才知道，原來這兩首都是挽歌，恍然大悟，頓時有被人掐斷脖子的暈眩和窒息。

而中國古詩文裡，絕多的正是這類感春悲秋傷世懷古的浩歎。越是歡宴，越生悲涼。「人生寄一世，奄忽若飆塵」、「修短隨化，終期於盡，古人雲，死生亦大矣，豈不痛哉」、「今年花落顏色改，明年花開複誰在。已見松柏摧為薪，更惜桑田變成海。年年歲歲花相似，歲歲年年人不同」、「天地者，萬物之逆旅；光陰者，百代之過客。而浮生若夢，為歡幾何？」、「寄蜉蝣與天地，渺滄海之一粟。哀吾生之須臾，羨長江之無窮」……這一類的句子太多，稍不留神就可以堆成五指山，把人壓死。「人生忽如寄，壽無金石固」、「人生非金石，豈能長壽考？」之類的道理，人人能懂，但多數人到死也未必能接受。

我一路長大，慢慢地就離了童年、離了少年、又離了青春。來不及告別，甚至還沒意識到分別，心已兀自滄桑。其實，我最難過的，還不是生死哀老之類的事情，而是漸漸失去了撒野、放縱、狂放和犯錯誤的權利。年輕人犯的錯，上帝都會原諒。但上帝不會原諒成年人。這個社會對成年人是有規範的，不允許亂來。我被迫變硬、變方正、變端莊、變正確。總之，被迫冒充「成人」。

無人時，偶爾偷偷檢點年輕時生命的碎末，白日放歌縱酒，青春作伴露營，這些都一去不復返。總是悲從中來，不可斷絕。在北京讀書時，冬天下雪了。第一次見著北方的雪，氣勢規模，都不是南方的雪能比的。我興奮得神志不清，狂呼濫叫地約人去打雪仗，見寢室裡的眾美女全無回應，就衝向別的宿舍，誰知男女生宿舍問遍，竟然沒約到一個伴。一會兒要去打飯、正在玩遊戲、就要考試了、下午還有課、天氣好冷、衣服濕了很麻煩、學校洗澡不方便……任何一個在我看來微不足道的原因，都可以成為他們拒絕雪趣的理由。長大了會如此無趣！連瘋玩的同伴都找不到。那天的大雪，下得我好不悲涼慘澹。

最難過的一次，是大學畢業多年後見到一老同學，這小妮子，當年跟著我，曾暴雨中赤腳去爬山；半夜下雪了，砸門喚醒夢中人，裹著毯子爬鐵門，邀去半山賞梅；兩個舞盲跳快三，旋轉至於摔成一團，笑震舞廳。誰知道造化弄人，不到十年的時間再見，職業套裝高跟鞋，妝化得天衣無縫，臉上的笑容也天衣無縫了。被最高級的轎車運到最高級的餐館，那一個講究得無懈可擊的完美飯局，卻吃得我淒淒惶惶，草草了了。

更多的時候，我自己也變得越來越粗糙、麻木、遲鈍，越來越功利和利慾薰心，除了上司的臉色和顏色，別的什麼都不關心。

我曾以為，失去了——柔軟、敏感和溫暖的心，狂野、輕快和率真的情，一切都隨流水，永遠失去了，生命一點點地乾燥、硬化、枯萎，萬劫不復。

——直到小秒針出現。

人生不歸路，突然就調轉了頭！都說人生一世，草木一春。而小秒針，恰如我的再春。他讓我重歸童年，回到生命初期的純真歲月。有了小秒針，我得以有機會再活一次。

再次開始看久違的童話故事、動畫片，再次有理由走進遊樂場和動物園，玩得不亦樂乎，再次有機會在草叢裡抓蟲子、收集馬路邊上的石頭、在沙堆裡挖出相連的地道。

很多次，我「陪」小秒針玩，結果自己玩得比他還狂熱，還投入。我玩耍的勁頭，跟著名的「八十年代」大學生讀書的賣力程度相當，因為文革後失而復得的機會，所以格外珍惜、樂此不疲。管它光陰、歲月和世道，我只陪著孩子盡情地遊戲，假裝這就是生命的全部，假裝忘了全世界。

記錄中——

二〇〇二年七月七日，和三個孩子「辦家家」，用樹葉、小草和花瓣炒了很多菜，還撿了兩口袋的樟樹籽回家解剖，結果樟樹奇怪的臭氣熏倒了全家人。

第二天七月八日，跟一群孩子在沙堆裡建了個太極八卦形的城堡，結果另一群孩子自告奮勇來灌「護城河」（就是撒尿），沖倒了城堡，導致兩隊人馬差點群毆。我在關鍵時刻挺身而出，維護了世界和平。

二〇〇三年八月三日，在家鄉，帶小秒針去河裡游泳。小石子咯著腳板癢癢，水草纏進腳趾縫，魚兒撞上小腿。

我告訴他，二十年前，我就常常到這兒來玩。話一出口，自己也嚇了一跳——二十年前！感覺很近，說出來卻那麼遙遠。那時我偷跑出來玩，回家是要挨打挨罵的，現在，輪到我來教我的孩子注意人身安全了。

小秒針膽小，被我牽著手往河心走時，他很緊張，不敢前行，嘴裡還不願承認，滑頭道：「你到河裡去，回去婆婆要打你的。你給我買霜淇淋吃，我就不告發你。」我當頭棒喝，粉碎了他的陰謀。

遊到很晚才回家。晚飯後又出去散步，看天上的星星，講星星的故事。星星真的很美，一閃一閃亮晶晶。可是，只因都市的燈光太閃亮、太迷離，我已經有多長時間沒有細細看過夜空、數過星星了！不知不覺就失卻了這一份細膩和纏綿的情懷。

二〇〇四年二月八日下午，帶小秒針出去玩，遇到一群孩子在校內的「半月湖」裡撈魚。很小的魚苗，牙籤一般，用手就能撈上，我好奇地跟著玩，才發現，這天天經過的小小荷花池裡，還有這麼多生物，小魚、小蝦、田螺、水蛭、浮萍、水草、青蛙、癩蛤蟆……小小的池塘，原來是個很大很完整的世界！

因為捕魚能力超群，我漸漸成了主力，後面跟著一大群四到九歲的孩子，忠心耿耿，惟命是從。等傍晚SC老媽來叫我們回家吃飯時，小秒針兩手烏黑，捧著個撿來的玻璃瓶，在跟裡面的小魚兒說話，而我正趴在地上，雙手伸進水裡撈魚，半個身子探在水面上，一群孩子，橫七豎八地拉著、拽著、踩著、坐著、壓著、摁著我的雙腿，免得我掉下水去。當時就被老媽一頓臭罵。

第二天，這幫孩子又自動聚在一起，去操場玩沙子（沙灘排球的場地）。大家分成兩個隊比賽沙雕。對手隊建的是軍事堡壘，我們隊作的是西湖蘇堤，兩旁還真插滿了柳枝。然後捉迷藏，滿校園跑，我爬到一棵矮樹上躲起來，他們自然找不到我，我在樹上大得意。可後來等得太久了，人都沒了蹤影，我疑惑地爬下樹，才知道他們已經撇下我，玩別的去了。

瘋瘋癲癲的，很是痛快，雖然回來後感覺很累。昨天帶回家的三條魚，今天死了一條，小秒針為他舉行了簡單的葬禮。嗚呼哀哉，尚饗。

二〇〇五年七月二十一日。下雨了，小秒針堅持要求出去散步，我賴在電腦前趕稿子，百般刁難，故意開出條件來：要出去玩，除非……不准打傘、還要光著腳。他大吃驚，淋雨？轉念便答應。我作繭自縛，只能關了電腦，陪他下去。

小秒針試探著脫了鞋踩水，結果轉眼就玩瘋了，一次次往小水窪裡跳，濺得一身濕透。又一棵一棵樹搖晃，製造「雨中雨」，就此宣稱自己是龍王，負責小範圍降雨。可惜我腳後跟被鐵片刮傷了，流著血，不能跟他一起踩水，只能遠遠地待在一邊餵蚊子。心也癢，眼也紅，痛恨不已。

那天有風，雨也涼。回家還擔心他感冒，趕緊洗澡。小秒針小時候身體素質只是一般，這次居然沒事，可見老天喜歡孩子淋雨和踩水。

二〇〇六年春節，在別人家做客，小秒針第一次見識了麻將，很快就迷上了。幾番阻礙無效，我便帶他玩多米諾骨牌。又用麻將排出浩浩長江，從高高的唐古喇山、到雙層的武漢長江大橋，再到斜拉索的南京長江大橋，直至入海口。還在沿岸把切身有關的位置突出出來：媽媽上學的地方、姑媽住在這裡、曾經旅遊到過的地點、電視上放過的城市……排完長江又排黃河，卻變成了胡鬧，簡單地擺出個「幾」字後，就在上面撒麻將，說是「壺口瀑布」。結果當然是意猶未盡就被紫禁城喝止了，搞得我倆都很是悻悻。但是，畢竟紫禁城是對的，麻將是可能被摔破摔裂的，而要賠人家一副麻將——你知道麻將多貴嗎？還可能耽誤人家玩。再說，麻將的主要功能，還是用來「砌長城」的。

「什麼是砌長城？」小秒針問。

我趕緊把他拖到一邊去講七國爭雄和孟薑女的故事。

二〇〇六年七月九日上午，我急著要趕一篇稿子出來，小秒針卻纏在邊上一定要我講故事，這時候最好的辦法是轉移他的注意力。我鼓動他在紫禁城的白T恤上畫畫。小秒針來勁了，把衣服蒙在凳子上，四周捆好。小秒針大筆一揮，畫了架飛機，題上「送爸爸」，還有署名、日期，一下子就搞定了。紫禁城穿上一看，效果還挺好。

小秒針記起來了，前不久我們去湘西旅遊的時候，鳳凰的酒吧裡有畫家作生意，在T恤上素描遊客的頭像，連衣服帶畫作，收費六十大鈔。紫禁城便給了小秒針一塊錢潤筆費。這一下，小秒針狂熱了，抓狂地要搶外公外婆的衣服。為了保護大家的白衣服，也為了安撫他，我從另一台電腦上搜索了一堆人體彩繪給他欣賞，他不斷地驚歎：好美啊、好美啊。他用「美」這個詞，而不說「漂亮」，讓我很感動。

接著，他開始在自己身上彩繪，在雙乳上分別畫一隻蝴蝶和一隻老虎，恐龍則長在肚臍眼上。

現在，小秒針有事做了。而我，也終於可以關了門，安靜地寫東西了。

二〇〇七年六月二十四日，晚上去游泳，小秒針第一次遊進了深水區，而且能斷續遊完全程，我開始教他在水裡轉圈、翻身、翻跟鬥，把他踩到水底，讓他在兩米深的池底裡潛水、爬行。

……

玩耍的記錄，還有很多很多。真是難以想像，如果沒有小秒針，夏天我能跟誰打水仗，冬天又跟誰打雪仗。有水有雪時不打仗，是多麼地敗興，其罪過與鞭名馬、累美人、辜負青春相當，是萬萬不可的呀。也只有跟小秒針在一起，我才驚覺到自己其實是會玩的人，貪玩的人。

每次玩，我對小秒針充滿了感激。「此翁白頭真可憐，伊昔紅顏美少年。」還好，因為有了小兒子，白髮亂如絲時，還能「宛轉娥眉多幾時」。

讀博士的時候，每年五六月間，「畢業生地攤」就跟苔蘚一樣，貼著校園的地面瘋長。我從圖書館出來，常常也湊熱鬧看看，間或能淘到便宜檯燈或一兩本好書。有個女生在賣兩個羽毛做的假面，又漂亮又便宜。我一高興就買了，拎著往宿舍走，琢磨著晚上怎麼去捉弄和嚇唬人。迎面碰到一師姐，站著聊兩句，她指著我手裡的假面，端莊地笑道：「喲，給兒子買這麼漂亮的玩具。」我噎了半分鐘，才賣力地笑起來，說：「啊，是啊，是啊。」師姐說：「嗯，要放假了，我哪天也得出去給閨女兒買點什麼帶回去。」

師姐才是合格的母親。望著師姐的背影，我就想，幸虧我還有個孩子，可以借用他的童年，暫時收容我的一點童心。

僅此一點，我對小秒針的感恩，便山高水長，天高地厚。

孩子的視界和創作

孩子眼裡的世界，每每讓人驚奇。還記得一朋友的孩子毛豆，三四歲的時候，看到煙囪裡冒出的白煙，就會問：「白雲是不是就是這樣做出來的？」令我大為嘆服。

小秒針這方面的掌故也多，時有奇思妙語，可惜很多都從我漫不經心的指縫裡劃過、溜走、了無痕。很記得的，不過十之一二而已。

兩歲時，小秒針看到別人家陽臺上曬的衣服在滴水，說：「你看，衣服在尿尿。」立馬讓我想起嚇得尿了一褲襠的情形來，狂笑了半天。

孩子是有創造力的。小秒針小時候，天下古板第一人紫禁城，竟然作詞作曲，自創了一首催眠曲：「鳥兒不飛，蟲兒不叫，小秒針寶寶要睡覺；月亮睡了，星星睡了，天上白雲不動了。」

可他唱得難聽，不到三歲的小秒針為了表示抗議，接過他的調調，唱：「月亮不睡，星星不睡，吵吵鬧鬧秒針睡不著。」小秒針還曾把電視劇主題歌裡的「堂堂七尺漢，有淚不輕彈」，唱成了「堂堂七尺漢，有人不聽話」，或者「堂堂七尺漢，咱們去吃飯」。

孩子天然是萬物有靈論者。最早，我只知道在孩子眼裡，所有生物都是一樣的，所以小秒針吃到最後一粒桂圓，捨不得給我或者小朋友吃，甚至捨不得給最親愛的外婆，可是半路碰到一隻天知道是從哪裡跑來的野狗，見它耷拉著腦袋和尾巴，全身髒兮兮的，頓生憐憫和惻隱心，毫不猶豫地掏了桂圓來與之分享。

他其實連有機物和無機物都不分別，真正的萬物有靈。SC最知道這一點了。一歲多的孩子開始走路了，搖搖晃晃東倒西歪的，難免被桌椅撞疼，咧著嘴要哭，SC總會及時的在桌面或凳腿上拍兩巴掌，大聲罵道：「誰叫你欺負我寶寶的?!」這比媽媽說什麼安慰或勵志的話都管用。如此報了仇，恩怨都泯，自然不哭了。

每當這時，我總浮想聯翩：凳子被打痛了嗎？要是痛，凳子媽媽會心疼嗎？「以其人之道還治其人之身」的待人接物模式，是好還是壞？

我們常利用萬物有靈這一點，每次吃飯都是小秒針和小兔子或「妹妹坨」（一個洋娃娃）的一場比賽，我還動不動就虎著臉威脅：「好，小秒針不喝牛奶，那就算了，給熊貓寶寶喝。」剛把吸管湊到玩具熊嘴邊，小秒針馬上扔下手裡的任何東西，撲過來一口叼住吸管。即使這樣，他依然不一定好好喝牛奶，他只是霸佔著牛奶，免得被熊貓寶寶搶了。

小秒針晚上慣於抱著絨毛兔子睡覺。夜裡醒來尿尿，也抱著，不離不棄。到了早上，爸爸催他起床，他大不滿，說：「小兔子沒睡好，小兔子還要睡覺。」這是轉借的修辭，無理而妙，我便容忍了，讓「小兔子」再多睡三分鐘。

每一個孩子都從泛靈論階段走過來，他們溫情脈脈地對待世界萬物，把自己看的和世界萬物沒有差別。

當然，簡單地這麼說並不對。孩子的成長和變化踏雪無痕，還不及把住雪泥鴻爪，他已經輕鬆跨越了你對他的認識。二〇〇四年三月三日，我們一起看紀錄片「動物世界」，小秒針問：「猞猁怕什麼動物？」我隨口答：「老虎、獵豹、獵人……」小秒針打斷我，強調地問：「我是問你，猞猁怕什麼動物？」我又重複來了一遍答案，他突然不滿的大叫起來。

我們言談衝突了幾次，我才明白過來，而且奇怪他的觀念是從哪裡來的：「你的意思是說，獵人是人，不是動物，對嗎？」小秒針點點頭，肯定地詰問：「人是人，人怎麼會是動物呢？」我細問他：「那你覺得我們和它們（指一下電視螢幕）有什麼不同呢？」小秒針說不出來，但他肯定地說：「不同。我們是人。」那一刻，他對自我的認同，雖然粗礪，卻那麼自然、驕傲、天衣無縫，讓我感動。他是喜歡自己的，喜歡自己作為人的存在。我已經失落這種認同感很久了，而小秒針讓我重溫了身而為人的快樂、滿足、自豪和幸福感。

三歲之後，小秒針對各類動物知識非常著迷，並很快具備了一些似是而非的初級知識。二〇〇四年一月八日，我正教他，陸地上的動物用肺呼吸，而水裡的動物用腮呼吸。小秒針插嘴說：「有的動物用背呼吸，能噴出水來。」他指的是鯨魚。

過一會兒，吃早餐了。小秒針一邊喝牛奶一邊問：「牛蛋是什麼？」

我們被問暈了，和小秒針牛頭不對馬嘴地糾纏了半天，終於明白他的意思了。他知道了母雞會生雞蛋，而雞蛋和雞蛋不一樣，有的雞蛋能孵出小雞來，有的雞蛋裡面則沒有小雞，沒有小雞的雞蛋是可以吃的。小秒針由此進行了類比和發揮：母牛會生牛蛋，有的牛蛋可以孵出小牛來，有的牛蛋裡沒有小牛，磕開了，裡面就是可以喝的牛奶。小秒針的一席話，幾乎讓我變成了反知識者。如果知識會破壞這麼非凡的想像力的話。

二〇〇四年七月十一日，下雨了，我帶小秒針在窗前看雨，念「簾外雨潺潺」，小秒針在唇前豎起指頭，示意我噤聲。他低聲悄語：「別吵，下雨好像在說話，雨在跟我說話呢。」我都呆住了，多麼想知道，雨點兒都跟我兒子說了什麼。只可惜，精靈和精靈間的對話，是不會讓我等凡俗氣太重的人知曉的。

二〇〇六年的夏天，下午常去游泳，每兩個小時一場，全程游其實是遊不下來的，就有一些時間泡在水裡玩，或坐在池邊曬太陽。休息時，我慫恿小秒針創造一首詩，題目是《游泳》。小秒針沒怎麼思索，就有了兩句：「天上亮光光，池裡黑豆豆。」

我頓時樂翻。雖然沒押韻，描畫卻形象。從泳池邊看下去，泳池裡除了陽光跳躍，就是浮滿黑頭發的腦袋，可不就是「亮光光」和「黑豆豆」？

我鼓勵小秒針接著編。恰好時間到了，小秒針觸景生情，於是有了後兩句：「哨子一響，黑豆豆爬上岸。」

我從小看不起駱賓王的《詠鵝》，直到有了小秒針的這首詩，才知道「鵝鵝鵝」實在是好詩啊，好詩！

還有更無理而妙、無巧不成的事兒。十二月上旬，據我家老夫子說，一日半夜給小秒針把尿，從暗處走近開著燈的衛生間，他於半夢半醒間，緩緩吟詩：「江楓漁火對愁眠」，尿時又吟：「飛流直下三千尺，疑是銀河落九天」，還很是應景。

二〇〇七年，我帶小秒針等公車，來了輛52路車，小秒針笑道，媽媽你看，這裡有輛「兄」車。我半天才反應過來，「52」和「兄」字的形似。小秒針管52路叫「哥哥車」，又問，還有沒有弟弟車？

偏遠地區的一家三口第一次到城市裡去，父子倆在賓館裡看到有一扇門突然自己打開了，是一間小小的屋子。一個老太太走進去。門關上了，過了一會兒，門又開了，一個年輕漂亮的女郎走了出來。激動的父親趕緊推兒子：快，快，去叫你媽來，讓她到這小屋子裡去變一下。拋開其中對沒見識過電梯的人的歧視和取笑，我喜歡這一類的笑話，因為它讓乾巴巴刻板無趣的現實世界陌生化，充滿了趣味。因為同樣的原因，我喜歡孩子的各種奇思妙想，對世界的新奇理解。

「媽媽，你看！」小秒針舉著一片落葉，興奮地跑過來，眼睛裡放著光。

「呀，真的！」我睜大眼睛，作出驚喜而好奇的樣子，假裝自己是第一次看到落葉。

小秒針一屁股坐到我懷裡，逼著我跟他一起欣賞那片醜哈哈的葉子。但我很快發現，自己真的是第一次看到這片落葉，我也是今秋第一次看到落葉。

我從報紙和電視的天氣預報中知道天氣轉涼了，當然樹也應該開始落葉了，每天出門進門，我肯定也「視」到過落葉，可我真的第一次「睹」到今秋的這一片落葉。

這是片有點卷邊的銀杏葉，金黃的扇面，葉邊和葉柄處還殘著青綠，從中間的上端裂開，像一個飽經風霜的老人，還偷偷地保留了一絲青春的心，卻藏著，不讓露出去，如老頑童的狡黠，饒有趣味。

一片葉，再簡單不過，卻可以如此美，有如此曲折的情趣，我以前何以竟不覺察？

朋友從森林散佈回來，海倫・凱勒[4]問她看到什麼了，朋友淡淡說：「沒什麼。」海倫覺得不可思議，森林啊，怎麼可能沒什麼呢？換了是我，怕也是「沒什麼」，世間多少睜眼人，竟是白長了眼睛。

從什麼時候開始，我聽到「下雪了」的第一反應，變成了交通會堵塞、更多的交通事故、有沒有撒除雪劑等，而不再是打雪仗和拍雪景。我的視界越來越局限於超市購物、工作考核、

4 人類歷史上最頑強和勇敢的人之一，自幼聾、瞎，著有《假如給我三天光明》。

買房置業、匯率漲落之類的硬事件，沒有生機，沒有柔麗。直到有了孩子，一切才重新靈動起來，突然能夠注意到，一棵樹羞答答地綠了發梢，一群鴿子飛過晚霞，草叢深處竟有小蟲，蟑螂除了用強力滅蟑靈剿滅，也可以考慮抓活的養作寵物……

借一雙孩子的眼睛，讓世界多趣味、變生動。

孩子的夢

孩子會做夢。這是自然的。至於他們從多大起開始做夢，卻無可考證，滿月前的孩子幾乎整天都在睡覺，那時候他們有夢嗎？都夢些什麼呢？我很是好奇。

我確切知道小秒針做夢，是在二〇〇二年的初冬，他兩歲半的時候。

那天夜裡，我們一家三口都已睡下。小秒針單獨的小床，挨在我們的大床邊。不知半夜什麼時候，他突然一翻身坐起來，很乾脆的高聲命令：「我要吃糖糖！」我和紫禁城在半夢半醒中，都嚇了一大跳。

我首先清醒過來，道：「可是晚上不能吃糖糖，否則牙齒會長蟲的。」

小秒針的眼還是閉著的，對話卻流暢。堅持說：「可我剛才已經吃了糖糖呀。」

我笑起來，這或許不是——而且幾乎就可以肯定不是——小秒針的第一個夢，但幸運的是，我所知道和記錄的第一個夢，是個甜蜜的夢。不是噩夢，不是悲哀的或憤怒的，而是關於糖果的甜蜜的夢——在夢中他已經吃了糖。

小秒針很快又倒下去酣然入睡，我卻再也睡不著了。我想像著小秒針夢中的糖糖是什麼模樣的，是我常常給他買的那種小包的五顏六色的軟糖？還是童話中那種鑲在麵包屋屋頂和蛋糕桌桌面上的瑪瑙糖？或者是他最喜歡的、每次都吃著流口水的棒棒糖？

我平時多夢，或許也有甜蜜的夢吧，但能記下來的不多。奇怪的是，但凡我能記得的夢，都是慘烈的、張惶的、陰冷的、疲憊的、憔悴的、或者血腥的。偶爾有此凶夢，醒來總要慨歎：我心裡藏著魔鬼。

幸好，小秒針還很純淨，夢裡還沒有黑暗。因為小秒針的夢，我在清醒中甜蜜著。

至少還有一次，小秒針又夢到了糖果。那是二○○四年的元旦，也就是說，那一年，小秒針說的第一句話是：「我要吃玉米棒棒糖。」那時是早上九十點間，他剛從夢中醒來，還砸吧著小嘴。我親了親他的嘴，沒有玉米甜香，只是臭烘烘的。

三歲以後，小秒針能夠表達自己的夢了，但也不過聊勝於無。

「媽媽，我今天中午睡覺夢到你了——還有爸爸，還有婆婆。」接小秒針從幼稚園回家的路上，他說。

我大喜：「哦？夢到什麼了呢？」

小秒針吭哧半天講不出來，終於不耐煩了：「哎呀，你自己也在呀，還問什麼問。」

我笑不可遏。是啊，我在現場啊，我在他夢中，自然該知道他夢的是什麼。

回家跟紫禁城說起此事，再次勾起我對他夢境的好奇，又去糾纏著追問。小秒針正看電視，哪有時間理會我？一揮手道：「我說不好，你自己晚上再夢一次吧。」

小秒針的夢，有準確記錄的，還有兩次。一次是二〇〇四年二月六日，星期五，寒假後的開學第一天，要上幼稚園了。早上挖他起床。狂歡兼懶散了一個春節的小秒針，如何起得來？春夢猶殘睡不醒，平白被打斷，忍不住大哭大鬧，只叫道：「別吵，夢還沒做完。」然後就任憑我們千呼萬喚，他自巋然不動，抱著他心愛的熊貓枕頭，執著地要把未完的夢繼續下去。歐陽修在世，該揶揄：清晨爹媽喚殘冬，萬聲千聲皆是恨。故倚單枕夢中尋，夢又不成，屁股又挨打。

此後連續好幾天，小秒針早起都困難，每次都鬧半天，說「我還要作夢」、「走開！爸爸不讓我做夢！」回頭問他做的什麼夢。他憤憤不已，道，每次他剛一開始做夢，我們就叫他了。說得我好生慚愧。

想起自己小時候，曾夢到滿桌的美食，剛剛欣賞完「色」和「香」，準備嚐「味」，猛的一聲吼，被大人叫醒了，心裡的那個難過、遺憾和悵然若失啊，至今還記得。第二天睡覺就想，不知道今天能不能接著昨天的夢往下做，如果能，一定一開始就大吃，絕不耽誤時間了。及時行樂的思想，第一次就是這樣產生的。

另一次是二〇〇四年十月二十三日，小秒針早起，坐在床頭，擁了被子，道：「我做了一個夢，是關於打打殺殺的。」

我絕不放過一次機會的：「那你說給我聽聽。」

小秒針偏著頭，認真想了想，道：「可是前面的一半我已經忘記了。」

紫禁城鼓勵說：「沒關係，那你說後面的一半吧。」

小秒針又偏著頭，認真想了想，複道：「後面的一半也不記得了。」

我們都已經笑起來，小秒針忙道：「不過還有最後的一點。」

我們趕緊斂了笑，洗耳恭聽，願聞其詳。

小秒針慢條斯理道：「最後的一點我還沒有夢呢。」言罷應聲倒下去，拉了被子要接著做夢，還保證：「夢到了再告訴你們」。整個過程，真跟說相聲一樣，包袱抖得那叫一個利索，唬得我們一咋一咋的。

成長的驕傲

自從二〇〇三年九月初，小秒針從幼稚園「托中班」升入「小一班」，他就有了歷史，也有了回憶，總說，我小時候在托兒班如何如何，什麼什麼那是我小時候玩的。

一次，我無意中說他出生時沒有牙齒，引發了他的大好奇，由此對自己的過去充滿了濃厚的興趣，纏著我問：沒有牙齒，那我小時候有沒有舌頭？

沒有牙齒怎麼吃飯，怎麼沒有餓死？

不會吃飯只會喝奶，那我是不是只會尿尿，不會屙巴巴？

我小時候有沒有鼻子？

有沒有頭髮？

我小時候連說話都不會？

那會不會出氣？

連走路都不會？

連笑都不會？

……

問得多了，答得也煩了，我乾脆一次性回答，你剛出生的時候，不會吃飯，只能喝牛奶，不會動，整天躺著，閉著眼睛睡覺，不會說話，餓了就哭，屙屎屙尿都在自己身上，不會翻身、不會笑、雙手握拳手指都不會張開……。

小秒針驚呆了，一疊連聲地說，啊，我小時候那麼傻呀，都不會說話，不會走路，不會踢球，不會玩玩具，不會認字，不會唱歌，不會英語，不會穿衣服，不會脫褲子，不會系鞋帶，不會擤鼻涕，不會吐痰，不會背「春眠不覺曉」，不會用鑰匙鎖門，不會開電視機，不會……

這一下，輪到我驚呆了，看著眼前這個粉團團的小人兒，說不出話來。小秒針出生不過三年又三個月，這麼短的時間裡，他竟然學會了這麼多事情！這麼多！！連我都幾乎記不得他整天躺在搖籃裡傻睡的樣子了。

孩子的成長，真是讓人眼花繚亂，目不暇接。

那一刻，我就想，絕不逼孩子學這個學那個，他已經學得夠多了。成長是自然的事情，人為什麼要慌、要趕緊趕忙呢？只要遵循自然的律令，生命就已經是奇蹟了。

我還記錄著小秒針第一次主動求教的事情，二〇〇三年三月十六日，我們在家裡洗衣，中間要接個電話，便把洗衣機暫停了，小秒針對於如何暫停和重啟很好奇，我飛快地表演了一下，結果引發了他極大的不滿意，纏著我問，「你告訴我按哪一個鍵」。他不是要看我表演，不滿足於我授他以魚，還要我授他以漁。

從那天之後，他似乎一夜之間對機械和機器充滿了靈感，在很短的時間裡，他就以飛快的速度學會了開關煤氣灶、電視、電腦、ＶＣＤ，看電視時如果要去尿尿，總是多此一舉地「暫停」一下，純粹只是為了顯擺一下自己對機器的操控能力。

小秒針直到二〇〇四年上半年，依然不會發Z音，總把「早」說成「倒」，「走」說成「抖」，我們有時會哄笑，有時會示範著多發幾次音。他探著頭，幾乎要掰開我們的嘴來看，說：「你告訴我舌頭放在哪裡。」

他再大一些的時候，我周日去學校圖書館看書，便捎帶上他，把他擱在文學或科普讀物區，唯一需要交待的注意事項是不要發出大的聲響，低聲說話、低聲走路。

沒過一會兒，小傢伙跑來了，幾乎控制不住自己的音量，抑制不住地興奮，拖著我就走。我才知道，這傢伙居然趁我不注意，自己跑到電腦邊，學著檢索庫藏資料。旁邊一個學生大概是覺得好玩，教他怎麼打字、怎麼查看索引號，等等，學生還教小秒針，「叫我哥哥，別叫叔叔。」小秒針乖乖地答應了，再老大不客氣地道一聲「叔叔再見」，便跑來找我，要我去電腦前看他的表演。

我真是被孩子天然而非凡的求學能力折服了。說起來，教育孩子並不需要做太多的事情，只要保持了他的本性，就萬事大吉了。他自己會求知、會好學、會上進、會享受、會愛、會尊重生命。孩子什麼都會，只有你有耐心、別破壞。

有了這份飛速的成長，小秒針當然有理由驕傲。以前的他，無比仰慕地跟在大孩子後面，屁顛屁顛的，還總是被人不屑和拋棄，現在，他的身後也開始有忠心耿耿的跟屁蟲、仰慕者和粉絲了，而他們都是他不屑一顧的對象。

誰愛跟那麼小的小孩玩呀，他連彈弓都不會。小秒針說，然後就以「超動力」的速度跑開了，丟下小小孩在身後羨慕得直流口水。

二〇〇四年的春節，我們在安徽過年。一桌吃飯的有個親戚抱著個孩子，還不到一歲，小秒針乜斜著眼觀察了小小孩半天，問我：「他怎麼吃東西啊？」語氣裡雜糅了大惑不解、輕蔑和憐憫。

我不明白他問這話的意思，怎麼不能吃飯了？

他眼睛一翻，小手兒一揮，很是不屑：「他用什麼吃呀？他的嘴那麼小，什麼都放不進去，肚子上又沒有管子，怎麼會吃飯？」嗨，他就忘了自己也是從「嘴那麼小，肚子上沒管子」的狀態過來的，現在他倒是撇得乾淨，好一個「英雄何必問出處」啊。

就在幾天前，他居然對奶奶說：「你沒有牙怎麼吃飯啊？」還說，「我都有牙齒，你怎麼沒有啊？」言辭間似乎很是看不起奶奶，奶奶卻越發張著豁牙的嘴，直樂。

人生規劃

在所有的記錄中，小秒針第一次透露出他對自己人生的設想或規劃，是在二〇〇三年九月二十九日，紫禁城在信裡提到，他靠在孩子身上，很是陶醉，忍不住問無聊的問題，比如：「長大了還讓爸爸這麼靠著嗎？」小秒針乾脆地說：「我長大了就不讓你靠了，讓小孩子靠。」

紫禁城大惑不解：「讓誰的小孩子靠？」

小秒針理直氣壯：「讓我自己的小孩子靠呀。」

當晚的電話裡，我問到他將來有關「生孩子」的計畫，他說，一直讀書，讀到博士，或者博士後畢業，然後結婚，生兩個孩子。要兩個，一男一女，因為一個太不好玩了。

要不是親耳聽到，誰能想像一個三歲多的毛孩子，對自己的人生，會有如此「通盤周到」的考慮？

我給他講歷史故事，難免會涉及到「嫡長子繼承制」和妻妾制度，順便要解釋一下。二〇〇五年十月末的一天，紫禁城在一旁無事生非，問：一個老婆好還是很多個老婆好？小秒針毫不猶豫地回答：一個好。

問其原因，答曰：要那麼多老婆，房子都不夠住，而且要花很多錢。

我自己是長年不識人間煙火的人，萬想不到一個稚嫩小毛孩卻有如此現實的考慮和回答，幾乎驚倒。後來類似的事情和對話多了，我才習慣了，見怪不怪。

二〇〇七年六月十七日，星期日，一家人正無所事事地相安無事，小秒針突然自言自語地感歎：「這個世界上，如果女的比男的多的話就好了，那女的就要去謀求男的。」我不敢相信自己的耳朵，要他再重複一次，他照辦了，又補充說：「可惜現在是男的比女的多，所以是男的謀求女的。」

我逗趣，道，既然這樣，幹嘛要費力去「謀求」呢，就自己一個人過日子，有什麼不好嗎？他居然說：「那沒子沒孫的，孤孤單單活著多沒意思。」我受不了！要倒了！

小秒針考慮人生的重點，除了婚姻子孫，就是經濟基礎。二〇〇七年八月十九日晚飯的時候，一家人照例聊天，說到「時空穿梭機」，小秒針說，他要乘著穿梭機，到爸爸小時候，去看爸爸穿開襠褲的樣子。

我搖搖頭，說，這是我以前說過的，你應該運用自己的想像力，如果有穿梭機能幹什麼。這幾天我正給他講歷史之謎的故事，他很感興趣。在我的提醒下，小秒針說，他可以去現場看看，揭開歷史之謎，比如尼祿到底有沒有放火燒羅馬城？伊凡雷帝有沒有殺自己的兒子？巴士底獄的鐵面人到底是誰？等等。我滿意地點點頭，可惜頭還沒點完，他緊接著又加了一句，這樣就可以賺很多錢了。他的意思是，可以在當今世界裡販賣歷史真相。

他總是這樣，說什麼都說賺錢。我的書出版了，告訴他，他問的第一句話就是：那你賺了多少錢？

這一次，我決定好好瞭解一下他的金錢觀，我問，你為什麼動不動就說錢呢？在我小時候的教育中，談論錢財是庸俗和羞恥的事情，我不能說這種萬惡的教育在我身上的遺毒已經徹底清除乾淨了。

因為我們家缺錢。

我的嘴張大了合不攏，我們還一直沾沾自喜，認為自己的生活很優裕，對現在的狀態很滿意呢。

你為什麼你覺得我們家很缺錢？家裡的物質很少嗎？他給了肯定回答。

我再問，家裡缺什麼。他要說別墅、跑車之類的，我還沒話說，誰知他說了一長串的東西，不過是沙發、床、衣櫃、電視機什麼的。

我不明白了，這些家裡都有啊，再說這些小物品，實在不足掛齒，何至於像他那樣患了缺乏恐懼症似的！

他說，哎呀，我指的是我自己的家。我要買這些東西。

我說，那情況也是一樣的，只有你正常讀書出來、工作，有床睡、有電視看，這樣的生活標準根本不是事兒嘛。

小秒針露出了羞澀的表情，說，我不想說了，因為我說了，你又要笑話我。我趕緊端正斂容，一本正經，不笑話不笑話，我很認真的，你儘管說。

他便娓娓道來，因為養孩子很花錢。孩子要讀書、要買玩具、要出去玩、要吃東西……他又一次重複了他的人生規劃，和三歲那一次幾乎一絲不差，只是更加具體：在牛津大學讀書到博士，做哈佛的博士後（他還是沒有分清楚作為教育經歷的博士和作為工作經歷的博士後），然後在美國結婚，生兩個孩子，再回國工作，養家。

我驚異於一個七歲孩子腦中的人生，竟是這樣的。

而且，小秒針會無師自通地做力所能及的家務，最早的是在二〇〇二年，他還不到三歲，有一天早上，我們在醒夢之間，隱約覺察到廚房有動靜，躡手躡腳地跑去一看，小秒針踩在小板凳上，正往鍋裡倒醬油。他說，早上起來看我們還沒醒，就想給我們作一頓早餐。那一刻，紫禁城絕對被感動慘了。

二〇〇五年十月二十六日中午，紫禁城午睡的時候，小秒針居然自己跑到廚房洗了碗，收拾了灶台，還把陽臺上的衣服收了，讓紫禁城醒來後大驚失色，難道是因為他當天加入了少先隊，受了什麼教育或刺激？我沒有細問他。但我彷彿坐上時空穿梭機，看到了二十年後的兒子，一個熱愛生活的質感男人。

童心似禪心

小兒放學晚歸，手裡美滋滋舉著一款新玩具，滿心滿臉的興奮和快樂。但凡母親，對孩子來路不明的東西，總多戒備心。忙攬住了，細問玩具所從何來。

小兒了無心計，只道：班上玩得最好的三個小夥伴商定，大家輪流做東，今天由「老丁」（如今的孩子，彼此間竟以「老某」相稱！）第一個請客，三人在超市各挑了一個玩具。細問價格，分別是十二元、十元和十五元。

我歎，這樣的請客陣勢，對於不過七、八歲的孩子來說，到底排場顯大。自然是一番諄諄教導，警告下不為例。但孩子已然有約在先，不可背信棄義。於是當晚即準備了五十元給明日要做東的孩子，並囑咐，回來後要報帳、剩下的錢要交公。

第二天下午，小兒回來，滿臉燦然。交還我四十七元。我大驚，急問：「今天為什麼沒有請客？為什麼少了三塊！自己又偷偷買什麼了？說！」

小兒承了莫須有的罪名，很是驚異：「已經請了客了！」

才三元！

是啊。小兒道：他和「老陳」本來各看中了一個玩具，但「老丁」要了塊彩色軟糖，他倆覺得不錯，便都改變了主意，各挑了一個造型的軟糖。

朋友請我滿漢全席，我回請朋友麻辣燙。投我以瓊瑤，報之以木瓜。我不免失笑，調侃道：「那你豈不是賺大了？老丁可就虧嘍！」

小兒面露疑惑，不解道：「他怎麼虧了？」

「你想啊，老丁請了你十塊錢的玩具，你只請他一塊錢的糖，他還不虧？」

「才不呢！」小兒一聽我言，驀的高聲大叫起來：「老丁才是最賺的！」一言未盡，兩個孩子已經尋上門來了，嘴裡還各自叼著糖棒，皆是一幅美滋滋的沉醉模樣。

我拉了「老丁」問：「今天開心嗎？」他大力點頭。又問：「你們互相請客，昨天你請他七元，今天他請你一元。這樣公平嗎？」、「老丁」又大力點頭。我不能理解，問：「為什麼公平呢？」

「老丁」道：「昨天我請他，今天他請我。所以公平。」

原來小孩兒請客，是只計數量一次，不管品質高低的。我不免竊笑小孩兒們的愚。我想，或許我應該再給這孩子「補償」點什麼，否則太不對等。畢竟「禮尚往來」。

「老丁」望著我，滿臉霧水，好像不能理解我的意思。我又補充道：「那你覺得你請小秒針和小秒針請你，哪個好？你們哪個划算？」

「老丁」說：「小秒針請我的好。我划算。」

這回輪到我不能理解了。為什麼？

小兒搶先回答我，原來老丁老早老早就想吃那種軟糖了，可他爸不准，所以絕對不會給他買。今天要是沒有我家小兒請客，他怎麼會吃到那種軟糖？所以今天他最開心。他是最賺的。

「老丁」在旁聽著，大力點頭，同意得無以復加。

孩子一言，於我如醍醐灌頂，原來我等渾沌成人，只會以金錢的數量計算價值，而孩子卻是以快樂的程度來衡量和判斷價值。這就是孩子比我們更容易有幸福感的原因。他們更專注自己生命的感受、心靈的滿足程度，而不計較外在的物質多寡。說起來，倒是笑孩子愚的我等真愚。俗人的請客和人際交往，算計得清清楚楚、公公平平，但其間的幸福喜悅，付出和獲得的快樂，都被這精確的算計沒了。

曾記得在書店，看到一超可愛的芭比女孩，看上了一本圖畫書，愛不釋手。書是殘書，封面破了，還有點髒。卻是最後一本。做爹的說，爸爸不是不給你買，可你看清楚了，這是本爛書。走吧。下次我們看到新的一定買。

父女倆僵持和拉鋸了半天，終於，小女孩大哭著被拖走了。

我也常犯這樣愚蠢的錯誤，用自己的價值判斷覆蓋了孩子的。殊不知，童心一如禪心，不拘於物，不滯於相，唯一心澄明徹淨，感受歡喜。「但向己求，莫從他覓」，此實乃人生大智慧，大解脫。我等斤斤計較的成人，倒成了飯籮裡坐著的餓死人，水裡頭沒浸的渴死漢。

思及此，由不得我又是歡喜，又是慚愧。

孩子是鏡子

二〇〇四年的夏天，我過得並不愉快。天氣酷熱並不是真正的原因。我博士畢業，但因為種種原因，論文沒有答辯，十多萬字的論文，壓在案頭也壓在心尖，分分秒秒不輕鬆，這是頭一件煩人心神、也令人氣餒的事情。馬上要去一所大學教書，這是我從來沒有幹過的活兒，從零開始準備課件和教案，也是一件頗有挑戰性的工作。此外，答應出版社的書稿要整理，朋友的文債也得還。家裡也不消停，因為性格問題、因為小秒針的教育問題，紫禁城和父母不時會有摩擦，我是風箱的老鼠，要兩頭擺平，身心都憔悴。

那一段時間，我發現小秒針變得很討厭，這廝放假在家，天天聒噪。要是來了人，尤其不得了，越發起勁地上躥下跳。

我在廚房做飯，他赤腳跑進來（鞋子上午就不見了），嘴裡很得意地嚼著東西，是口香糖，這是今早才打開的一瓶口香糖的最後一粒。我大叫：「吐出來，不能吃！」他比我還著急，趕緊趕忙地伸直脖子，咽了，噎得眼睛直翻白。爭奪口香糖的當兒，湯溢出了鍋。搶救湯鍋的時候，小秒針從冰箱冷凍室一包一包往外扔「冰坨坨」玩。我聲稱「媽媽在做飯！」，把他趕了出去，一會兒就聽到外面一聲巨響，原來是玩具撒了一地，跑出去賴著性子收拾，又聽到衛生間有動靜，一整瓶洗髮露倒進桶裡，一攪拌，能生出滿屋子的泡沫來。整頓了一切回廚房，飯已經煮好了，開始燉肉，打開紫砂鍋，鞋子終於找到了。一個朋友看到我應付小秒針的場景，給我取了個外號「西西弗斯」。細一想，可不是嗎？他不斷地破壞，我再恢復，這樣的拉鋸，是沒有任何建設性的。

當然，小秒針的「可惡」遠不止於此。正常情況下，小秒針說話態度溫和，也講道理，提出要求很有分寸。可這一段變得蠻不講理，要東西的時候說話生冷強硬，沒有被滿足就大喊大叫，甚至歇斯底里。他的狂躁、焦慮、緊張和不理性，讓我憎惡而難以忍受。

我在書架上找一本參考書，橫豎找不到，正鬱悶。小秒針來了。我簡單而不可置疑地命令：「走開！」他還磨蹭著要賴皮，我暴跳起來，吼道：「叫你走！聽到了沒有？」小秒針大哭起來，連滾帶爬出了書房。我撞上門，反鎖了，終於得以片刻的清靜，就連論文整理都順利起來。到老媽叫吃午飯時，初稿已經成型了。

心滿意足地坐上餐桌，剝幾粒葡萄，等著開飯。小秒針走過來，隔著餐桌樹在我對面。

「給我葡萄！」他說。

他的臉僵硬，他的語氣生冷，看著聽著都讓人很不舒服。所幸我此刻心情尚好，能開點玩笑了，故嗔道：「好啊，這麼跟媽媽說話。嗯？」

但小秒針不為所動，眉頭越發凝成硬疙瘩，語氣越發強硬高昂：「給我！給我！給我葡萄！！」

我本來就修為有限，不是個好脾氣的主兒，遇著小秒針這態度，我的火氣騰的一下就躥高了。跟我橫？我能立馬更橫十倍百倍地壓過他去！但在情緒失控的臨界一剎那，我的內心突然有所觸動。

我緩了半秒，搜索一下觸動我的是什麼東西——找到了，小秒針現在的表現，怎麼那麼似曾相識？

再緩一秒，想起來了。這正是上午我對小秒針的態度：簡單生硬的命令、不容商量、不可置疑，如果得不到滿足，就加倍地兇狠。這是一種毀滅性的態度，沒有任何建設性，只建立在對方的屈服上。再看在我面前展開的這張難看的小臉，以及小臉上那惡劣的表情，大概都跟我上午展示給他的一模一樣。

我突然發現了一個真理：孩子就是鏡子。成年人活得太久，常常遺失了自己，難得花時間和心思去反觀自己的心靈、自己的狀態，包括自己的表情。人在洗臉、修面、化妝時，會照鏡子看自己的容顏，但誰在與人交接時照鏡子看自己的表情？洗臉時照鏡子，發現了髒會馬上擦掉，表情髒了，卻發現不了。

幸好有孩子，照出了你的模樣。其實別人也是你的鏡子，你怎麼待人，慢慢的，人就會這麼待你。但成人互為鏡子的效果表現得較為緩慢而複雜。孩子則不同，我的臉色、語氣、態度，甚至所用的詞彙，轉眼就移植到他身上去了。

這還是往小處說的，要是往大裡說，我對他人、世界的態度和相處方式，都會轉移和傳染給小秒針。他蠻橫，那是因為我暴躁；他生硬，那是因為我冷漠；他刁鑽，那是因為我粗魯；他急躁焦慮，那是因為我耐心不夠，而耐心不夠，是因為愛的不夠。

所以，歸根到底，問題出在我身上，我太簡單粗暴。或者說，我只注意到了自己的需要，沒有考慮小秒針的需求。他不斷地要求我，媽媽這個，媽媽那個，他把任何事物或遊戲都搬到我面前來完成，永遠是那句：「媽媽呢？」只是因為他想演示給我看，他需要被關注，而我在不勝其煩的時候，曾控制不住地大叫：「別叫我，就當我死了，好不好?!」

那時候，我真的這麼想，好把，讓我死了，我願意。只有這個我死了，那個我才能活過來。我曾經不堪重負，認為自己負擔不了一個家庭的責任，做不了一個母親和妻子，也不想做。這樣消極、逃避的負面情緒，會怎麼影響到孩子？其實，我為什麼不能心平氣和地說呢？小秒針不是一個不講道理的孩子，如果我好好告訴他，現在媽媽要工作，請他別打擾。他能做到的。

上午我向他發脾氣，還不僅是他進書房打擾到我工作，也因為擔心他壞我的電腦。前不久，他亂按滑鼠，導致死機，丟失了一部分檔。我那時還沒有養成定期存檔的好習慣，對依賴電腦工作的人來說，文件遺失的損失是非常慘重的。此後，我就嚴格禁止他碰我的電腦。很快就形成條件反射，只要他一靠近我的電腦，我就緊張過度地向他大叫，煩躁的推開他。

現在回頭想像自己當時的那張臉，一定是極其難看的，寫滿了嫌棄和厭惡，沒有一絲絲的愛。我生氣的時候，會用很壞的語言和詞彙，我發洩了，就沒事了，可是小秒針呢？

小秒針什麼都學會了。

做父母的重要性就在於此，家長沒有教育孩子，卻時時刻刻都在教育孩子。如果以為坐在麻將桌上就能催促孩子好好學習的話，那可真是緣木求魚了。

以銅為鑒、以人為鑒、以史為鑒，都會有所獲。而以孩子為鑒，可以自明、自省、自咎、自救，可以明心見性。

就在我寫著上面的文字的時候，廚房突然一聲「巨響」，玻璃瓶子摔了。我衝過去，小秒針蹲在一堆碎片中，試探著要收拾它們，又顯然不知從何下手。看到我，他很張惶。我的臉上最初一定有習慣性的怒容和惡意，因為他明顯流露出膽怯。

我在心裡告訴自己，這只是一件小事，沒什麼了不起的。現在首先是要把他從碎片堆中提出來，免得被紮傷。我說了聲「別動」，說出來才發現，自己的聲音很大，準確的說是在「怒吼」或「咆哮」。

提著他離開廚房的時候，我覺察到他小小的身子是僵硬的，我把他放在客廳的窗下，並不急著收拾殘局，而是蹲下來與他對峙著。他的小小的臉也是生硬的，平時，單單這張死臉就會讓我冒火，作錯了事情還敢強硬！

我告誡自己，他並非不知道自己錯了，那表情不過是他在本能的保護自己。他在看我的表情，我在他的臉上看我的表情。我在跟自己談判和鬥爭，首先要安撫了自己。

我刻意控制了一下音量：「你在幹什麼？」分貝不高，但語氣仍然生硬，我對自己的表現很不滿意。但目前我只能做到這一步。不能控制自己的人，是最不自由的人。我發現了自己的局限。

他沉默。他僵硬。

如果我會川劇的變臉，就直接撕下臉上這層凶巴巴的皮，換個風和日麗、和風細雨、春暖花開的招牌了。如果世界上有語言柔順劑，我就直接倒一瓶在自己的嗓子裡好了，也免得控制和壓抑自己的苦。

但我還在努力。掙扎著調整臉色和語氣，我慢慢的說：

「你想拿冰箱上的冰糖吃，是不是？」

有反應了，他點點頭。——不僅僅是點點頭，他臉上的線條明顯地柔和了。孩子何其敏感！會對我哪怕一丁點的努力作成如此明顯的反應，讓我吃驚。他的柔和，是對我剛才自我掙扎的獎賞和鼓勵。

我摸摸他的臉，摸到了他隱藏著的一份驚慌失措和恐懼。這讓我開始心痛。我生他養他，花了多少心血，所有這一切，是為了他幸福和快樂，不是為了要他如此痛苦和驚怯的。一個玻璃瓶實在不值什麼，何至於為了這個，傷了孩子的心?!

而孩子的心，又是多麼容易傷啊。

「於是你就搬了個小板凳自己去拿……」我作勢擁抱他，「為什麼不跟媽媽說呢？媽媽會同意你吃的。」

「可是……」他終於開口了，有交流就表示有相互理解的可能性，也就表示成功了一半。

「……你在用電腦啊。」

原來如此！他已經接受了我灌輸的觀念：我在電腦前工作，就絕不要打擾。他原來在為我著想。再說了，自己拿東西吃怎麼了？摔個瓶子又怎麼了？多大的事兒？一個四歲孩子的自由意志，當然已經足夠引領他去自己決定做點什麼，這是好事。

我的氣已經完全順了，只有自責的份：「你應該注意安全啊，如果有什麼危險的東西，比如刀子一類的放在冰箱上，你那麼一拖，不就砍到頭上了嗎？那麼想想看，如果你要拿東西，還有什麼更好的辦法呢？比如，叫媽媽幫你，或者，你可以踩高一點的凳子，這樣能看到冰箱上面的東西。還有，萬一玻璃打碎了，不要用手去拾，免得劃破了感染，應該馬上叫媽媽來處理。知道嗎？」

他點點頭。

我想了想，沒有什麼要補充交代的了。真的，就是這麼簡單的一件事，怎麼最開始，卻幾乎能點燃我的怒火，讓我失態地呼嘯呢？現在，連我自己都覺得自己不可理喻、大驚小怪了。

「那好吧，你看著媽媽打掃戰場，就知道自己剛才惹了什麼麻煩了。以後如果家裡沒人，你就可以像媽媽這樣收拾。」

我笑了一下，馬上就點燃了小秒針的笑，他不好意思的摸摸頭，又點點頭。我除了對自己感到滿意，享受著成就感，還有莫名的驚詫和慨歎。我們倆都想不到，我的話能夠被如此柔軟和「甜美」的聲音傳達，我更想不到，在孩子那兒，柔軟和甜美的傳播速度如此驚人。

我明白了，世界上真的有語言柔順劑，那就是愛。

時刻記得照照孩子這面鏡子，時刻記得自己對孩子的愛。不要讓鏡子蒙塵，不要讓愛蒙塵。

類似的事，後來還發生了多次，曾經有一回，小秒針跑過來跟我說一件事情，說時晃動著食指，直點著我的鼻尖。我的左手一把捏住他晃動的手，大聲道：「我教過你多少次了，不要用手點著別人說話，這樣很不禮貌——」我突然僵在那裡，如雷轟頂，因為發現自己的右手食指，正威脅地點著小秒針的鼻尖。

那一刻，我明白了小秒針為什麼屢教不改，那一刻，我明白了自己為什麼沒有權威，那一刻，我恨不得剁了那根愚蠢又無禮的指頭。

另外，我還有一個訣竅：萬病可用書來治。我對小秒針的習慣性暴虐是病症，複習一回《呼蘭河傳》中的祖孫情，心就柔軟了；一腔的粗糙戾氣是病症，看沈從文就安詳溫潤了。但凡離了書，便心生雜草，氣漸糙野，心性氣質都百病叢生，病從骨髓裡出，顯現在面上，第一就是面不合，氣不順，顏容尖酸氣性大，動輒暴跳又咆哮。對家人老大不客氣，對孩子尤烈。我教育小秒針過程中出現的問題，十之八九，都源於此。對我來說，一間書房就是一間中藥鋪，調養心性，最是見效。其重要性無以復加。當然，這是閒話，不說也罷。

手背

作為母親的理性（我給孩子的）

給小秒針的信

我——作為媽媽——的期待

小秒針我的寶貝：

雖然你還小，並不識字，我仍然要寫這些文字留給你。我要你清楚地知道我對你的期待，但願你不要讓我失望。

首先，我希望你能愛惜你的生命，無論何時何地。雖然媽媽沒徵求你的意見就把你帶到這個世界，但那也是沒辦法的事情，不管怎麼說，生命是媽媽給你的唯一禮物。也是你所能擁有的最寶貴的東西之一，是別的所有的基礎。你不一定要活得很久，但是要活得充分和深入。最好能了無遺憾。不要浪費了媽媽的禮物，好嗎？

為了送這個禮物給你，很多人都付出了巨大的犧牲，這一點，也希望你能記住。除了你的親人，還有四個醫生因為你的出生而沒有吃二○○○年五月二十日的午飯，二十到二十五日的晚上，有很多護士因為你而沒有好好睡覺。這之後，你的親人——婆婆、爸爸、外公和一個小表姑，為了你的吃喝拉撒，渡過了多少個不眠之夜，是誰都不記得的了，婆婆在你生命的最初兩年時間裡，與你幾乎寸步不離，犧牲了她所有的休息和娛樂，生活裡只有奶瓶和尿布，把自己還原成跟你一樣的嬰兒，足不出戶。想想看，我的孩子，終你一生，你會為了誰做出這樣的犧牲嗎？到底有多少爺爺奶奶和叔叔阿姨曾經關注過你、問候過你，告訴我們該如何照顧你，也不記得了。大家所做的一切，都是為了送那個禮物——生命——給你啊。請你珍惜，而且感謝。

當你還在學齡前時，我不要求你聰明出眾，早早的就會識字、背唐詩和英語單詞，如果你不願意，我也不會送你去上任何一個學習班。但是我希望你健康、快樂、養成良好的生活習慣。你要學會**欣賞天空和秋水**，而不是只看電視和沉溺電腦，學會**享受陽光和花香**，而不是遊樂園和速食；你要**愛你的家，你的親人，以及所有和你共同生活在一個星球的人**。如果因為不熟悉，你不能那麼愛他們，至少**尊重他們**。你不可能完全不說謊，或者不虛偽，不過，但願你能**晚一點學會說謊，而且不要太頻繁**。撒謊是虛偽的第一步，往往也是感覺到活得累的開始。

等你長大一點，你要去讀書了。你不需要當一流的學生，更不必保持前三名（那個東西沒有意義），我只希望你**保持求知衝動，保持對自然和世界的好奇、熱情和探索精神**。你可能總寫錯別字，也可能不記得常識和公式，考試分數總是很低，這些都沒關係，但是**千萬不要喪失了自主思考和解決問題的能力**。當然，我也不希望你的成績是班上墊底的，請你做到**保持中等成績**，這樣至少老師不會總找我去學校，你說呢？我**但願家中的書能吸引你和感動你，還有大自然的壯麗、人性美好的一面**。媽媽**要求你學一點天文學和歷史**。它們最根本的作用，不是增加知識，而是幫助你在更大的空間和時間範圍內理解人生和世界。比如說，你痛苦的時候，要知道這個痛苦在古往今來無數人生命中都存在；你感覺渺小無助時，要知道人在宇宙中本來就微不足道；尤其是，當時間從三五十年拉長到一百年、五百年、一千年、十萬年或者更久，當空間從你棲身的小屋、單位，到國家、地球、宇宙，你對人生應該追求什麼、什麼才是真正的成功、生命的意義和價值，會有完全不同的認識。

你幾乎可以做任何你想做的事情，但是在十四五歲前，我希望你能**告訴我你的想法和計畫**，也許我能幫你，為你出點主意。

再長大一點，我想十二三歲，甚至更早些，你會開始喜歡一個女孩子，我希望你**不要冒犯她**，就當她是風景吧，你人生的第一道風景，默默的欣賞比打擾和破壞風景要好，是不是？再過些日子，你會真的愛上一個人，我是說，會伴隨著肉體的慾望。不要驚慌，孩子，那是最自然、也是最美的事情，爸爸和媽媽就是在那種美好的快樂中創造了你。我不知道，到你長大的時候，社會普遍能接受的初次性行為年齡是多大，但是我希望對你來說，至少**在十七八歲之後**。當你開始人生第一次的時候，我希望你**已經具備了基礎的性知識**，這樣你不至於莽撞和狼狽，不知該怎麼辦。更重要的是，你會知道怎麼愛，怎麼呵護那個女孩。事實上，我對你只有兩個要求：**儘量不要太弄痛你生命中的第一個女孩**、**不要讓她懷孕**。當然，我希望這個女孩一定是你愛的和愛你的女孩，我甚至希望她同時還是你的妻子，唯一的妻子。

進入青春期後，你會有自己的秘密，不再與我談心，你也會自己決定一些事情，不再告訴我們。這不奇怪，雖然你的生命是我給的，但它只屬於你，不屬於我。你有權決定一切。可是我希望你至少還能**信任我**，也就是說，在真的遇到重要的事情和選擇的時候，你會讓我知道，並且願意聽我的意見——我說的是聽，不是聽從。

在青春期，我知道你會焦躁、痛苦、茫然、恐慌、衝動、狂亂、自大而自卑。別擔心，那都是最正常的，也是有益的，你的生命歷程需要這些步驟和情緒，就像需要性的體驗一樣。但是我希望你不要有太多的虛空、恐懼和絕望，這些情緒對生命的損害太大。當然，這不由我決定，也不由你。只是我的祈禱而已。

接下來，你會開始遇到各種苦難，我希望你不要倒下。有一個秘密，是「絕對的」真理，我三十歲之前就發現了：世界上根本沒有「天大」的事情，甚至完全沒有什麼大不了的事情。什麼事情都會過去的，只是來去的時間不同而已，無論遇到什麼麻煩，你要做的全部，就是面對它、思考它，然後處理它或者耐心的等待它過去。你不一定要有什麼成就，但希望你要**對得起、配得上自己所經歷的所有苦難**。

你也會遇到誘惑。不要輕易的邁出第一步，依靠自己的理性和意志力，我希望你冷靜而清醒，你能知道該怎麼辦。

你還會遇到選擇。越難的選擇越是不能逃避的，所以不要等到最後一刻才馬虎草率的決定。**選擇需要勇氣**、**理智**、**果敢和判斷力**，**還有一點運氣和天意**。當然你不會總是選擇正確，不過這沒關係，任何人都會犯錯誤。你可以考慮聽聽別人的意見和建議，如果你願意問我的想法，我會很高興，但是請注意，無論是我的還是別人的意見，都只能參考，因為我們不是你。你需要的，永遠是你**自己的選擇**。不要回避，不要把選擇的權力交給任何人。回避也就是一種選擇，而且是不怎麼好的選擇，因為總有你回避不了的。

你會讀大學的，是嗎？然後繼續讀書，或者工作（我私下希望你能拿到博士學位，不過是否如此由你自己決定）。總之，你會離開我們（我也希望你**在合適的時候離開我們**，**不要太早，但也不要太晚，大概是十五到十八歲之間**，你覺得呢？）希望你能明白「離開」的意思，就是你獨立對自己的全部人生負責，從經濟、人生決定一直到心理。無論你去哪兒，我希望你不要忘記爸爸和媽媽，如果你的生命太過豐富，或者太忙，你可以忘記別的節日和紀念日，包括我的生日，但是**在爸爸生日的時候，請你一定記得給他打個電話**。我從小過著很幸福的生活，每個生日都有父母和朋友的祝福，你也是。可是爸爸不同，他在認識媽媽之前，從來沒有過過生日。你並不知道一個人過生日的淒涼。

我希望你能**掌握兩種以上謀生的手段**，之所以要兩種，是因為在一個正常的社會和非正常情況下，謀生的方式是不一樣的，而你不一定知道你所生活的社會和時代會發生什麼劇變。

我希望你不要喝太多的酒，最好不要抽煙，不要暴飲暴食，**不要停止鍛煉、閱讀和思考**，**不要停止對世界和人的熱情**。希望你到老了也不要麻木，心靈不要枯萎，精神不要萎靡，終其一生不要讓任何慾望控制你直至瘋狂。我希望你一**生只有一到兩個目標**，因為人生太過短暫，能做的事情也就一兩件而已。希望你**早一點制定成熟和完整的人生計畫**，包括理想事業、情感生活、財政計畫等，然後有計劃和條理的生活。萬物都有自己的季節，小心不要錯過，在該玩耍的時候盡情玩耍，該恣情肆意的時候恣情肆意，該腳踏實地的時候腳踏實地，該沉穩的時候沉穩。

請你**不要指望我們給你太多的幫助**，無論是人際關係還是金錢。我們肯定攢不下太多的錢，即使有，我也更願意拿去和你爸爸一起旅遊。如果你需要大筆的錢，可以找銀行貸款，但是請一定預算好你的還貸能力，做好還貸計畫。

我希望**與你結婚的女子是你真心愛的，也是愛你的**。我們不一定能與她很好的相處，但是你必須和她共同生活，所以謙讓些、寬厚些，想想你們的愛，把你自己想像成她，你會更容易理解和體諒她。**對你的孩子不要有太多的要求和期待**，他也是一個人，和你一樣。你只為他提供了一個細胞（你的妻子提供了一個子宮），並且看到了他生命的最初階段，這並不意味著你們對他的生命有什麼支配權力。

當然，你可能不會結婚，或者不要孩子。我不知道你會選擇什麼樣的人生，無論是哪種生命模式，我希望那是你自己**真心的選擇**，而且你能**珍惜和堅持自己的選擇**。無論別人如何認為，請記住世界上總有兩個人是支持你的：我，和你自己。

你不一定要成為一個對「社會」或「國家」有用的人，但是一**定不能成為對任何人和群體有害的人**。不要對任何人有太多的要求和期待，也不要給自己太沉重的任務。**最好能更多的愛**別人——當然，是正確的愛，**最好不要恨任何人**。

等你生活過、愛過，然後老了。我已經不在人世，我仍然有期待啊，我的永遠的孩子。我希望你還能在夕陽下投入地看安徒生童話，為海的女兒的最後一夜舞蹈和雪人對火爐的愛情動情；我希望你即使很老了，還能理解和寬容你的晚輩和孩子，給他們自由的空間，欣賞他們的生命和人生選擇，也讓他們喜歡你和愛你；我希望你很老很老的時候，也是一個**老掉牙的年輕人**。

我不知道你會變成什麼樣的性格、有什麼樣的興趣愛好和人生目標、會遇到什麼樣的人和事，我完全不知道你的人生機遇和生命形態會是什麼樣的，但是無論如何，我希望：第一，**不要害人**。第二，**能養活自己**，第三，**讓自己滿意和快樂，不至於愧對自己**。**這差不多就是我對你的全部希望了**。

孩子，我為你的生命祝福。每天，每天，每一刻。

永遠愛你的媽媽

一出生就累

孩子剛剛滿月，我就每天抱他到院子裡走走，曬曬太陽，呼吸新鮮空氣。這一天，我和媽媽一起帶寶寶下樓散步，陸陸續續的，別的孩子也被抱到樹蔭下。小秒針、貝貝、之之、豆豆、小寶，一個無形的「大院嬰兒會」召開了。大人們湊在一起，離不開「表揚和自我表揚」，以及交換餵養心得，大小便有沒有規律，是什麼顏色，平時都吃點啥，晚上睡覺怎麼樣，誰高了、誰胖了、誰病了、誰缺鈣了，還有，誰家孩子長得快、發育好，會不會有意識地笑、會不會伸手抓物、會不會自己翻身、爬得快不快、對聲音和色彩是否敏感，等等等等。再大一點的孩子，就開展各種表演賽，唱歌、跳舞、背唐詩、認漢字、拼英語單詞。我是遲鈍的人，說說聊聊，看完表演就完了，過了很久才意識到，家長們交流的同時，也在暗暗地較勁。

讓我醒悟到這一點的，是貝貝他爸，他是我們這所省重點中學的英語老師，據說工作出色，是教學骨幹。那天孩子聚得齊，我以自己好玩的天性，替自家孩子高興，說：「這就好了，這撥孩子差不多大，以後就不缺玩伴了，長大了可以一起遊戲、爬樹、打架！」我很怕都市的孩子因為寂寞而自閉。

貝貝他爸飛快地瞥了我一眼，接腔說：「是啊，都差不多大，長大後要一起學習，看誰成績好，考上好大學。是不是貝貝？哦，我們貝貝以後要讀中國一流的大學，要成為二中的驕傲。」

聽老師這樣說，我的臉一紅，好像又回到了貪玩淘氣挨批評的中學時代。貝貝他爸繼續與我媽聊天，說貝貝發育很好，聽到英語歌曲會扭頭找。天，我才知道，他胎教時起就給孩子聽英語了，小喇叭按在妻子肚皮上，每天三次，每次半小時，分別是古典交響樂、英語歌曲和英文朗讀。我怎麼就想不到？相比之下，我是多麼沒有遠見和教育理念的家長啊。

不知道該沮喪還是慶倖，夫子老爹曾印證小秒針靈光一現的非凡「聰明」，之後，我對孩子就基本上不抱任何形式的「神童」幻想了。

——簡單介紹一下我家的夫子老爹。一輩子的中學語文教師，在學生眼裡迂腐、嚴厲、不苟言笑，操一口飽含鄉音的普通話，把人都笑翻了，他還一臉嚴肅，很認真地思考別人為什麼發笑，笑的本質是什麼，等等。人稱「老夫子」。但他是我遇到過的最好的老師，證據之一是，他上課時曾經忽降瑞雪，南方的大雪是罕見的，老夫子當場宣佈，全體學生去操場，打一節課的雪仗，學生們瘋狂地愛他也愛不夠。誰知回到教室，當天的作業已經佈置下來了，作文《雪》，如此慘無人道，恨得人牙根癢。我在他任課的班上讀書，他給我開過一次小灶：上課時我望著窗外的花園走神了，他沒有打擾我，回家後卻罰我寫一篇關於花園的觀察日記。我抗議，我不是在觀察花園，是在思考人生大問題。他說，那就寫一篇花園所思。

夫子老爹喜歡念叨我小時候多聰明，才多大一點就能在圖畫的一堆人中認出毛澤東，在一大片晾曬的衣服裡清點出自己的衣物，等等，百說不厭，非要讓我無地自容。老夫子存了這份美好回憶，還想如法炮製。到小秒針一歲多一丁點，他就開始教小傢伙認人了。

老夫子出差，和同事照了n多合影。照片洗出來了，老夫子首先拿給小秒針看，慈祥地問：「外公是哪一個？」

小秒針正興致盎然地堆積木呢，哪有閒心管這個？老夫子不識趣，連著追問幾聲，小秒針不勝其煩，漫不經心的一偏頭，一抬眼，肥指頭在照片上極其肯定的一戳——正是老夫子！老夫子一時興奮得紅光滿面，大叫我和SC過來，欣賞天才的寶寶。

「寶寶認人很厲害呢。」他說。

我們也很激動，三個人圍著小秒針，老夫子要現場展示，再次用照片擋住寶寶的遊戲，問：「看看，外公是哪一個？」

寶寶很給面子的從百忙之中再次撥冗，漫不經心的一偏頭，一抬眼，肥指頭在照片上極其肯定的一戳，戳著了老夫子的同事。兩個人的長相差距之大，類似於林妹妹與焦大。

大人們垂頭喪氣的時候，小秒針已經低頭繼續玩積木了。

從那以後，我就存了認命的心，該怎樣就怎樣吧，沒想頭了。

但是顯然，貝貝可比小秒針出息多了，所以貝貝她爹的想頭也多。在炫耀女兒的過程中，她老爹說到，貝貝剛滿四個月，就能自己站起來了。我家SC老媽善良淳樸，馬上如他所願的表示出極大的驚異和豔羨，並驚動了其他幾個家長。按老話說的，「三翻、七坐、八爬」，站立和行走該是一歲左右的事。四個月就能站立，體能發育當是非常超前了。

於是貝貝他爸嘴含幸福的微笑，得意的蹲下來，演示給大家看。

他把孩子擺正，飛快地鬆手，又飛快地扶住，調整角度，再鬆手，再扶，還忙裡偷閒的用食指頂一下眼鏡。我在一邊看著，幾乎笑起來。我小時候就經常和小夥伴比賽玩「傘立指尖」的遊戲，深知其中的訣竅和技巧。即使一根尖頭木棍，只要豎的得當，也能直立幾秒鐘的。

豎了幾個來回，媽媽真誠的贊道：「呀，貝貝真的能站一會呢，站得可真早呀。」我也忙連聲稱讚，以期他早些結束演示。看他那麼努力又專注地豎孩子，我連竊笑都不會了，只是為歪歪斜斜扭扭搖搖欲墜的貝貝感到心疼，她才四個半月，就得學著直立，以後她還有多少高空鐵絲要走？我也為自家孩子可惜：他已經少了一個童年的夥伴了。相信在他揮著樹枝「衝鋒陷陣」喊打喊殺的時候，一個同齡的女孩正安靜地坐在窗前背英語單詞，或者練鋼琴。

現在的孩子，還是一個受精卵時就開始累了。

論懲罰

基礎和依據

大概十個月大的時候，小秒針開始面對懲罰。

最初的懲罰是因為他學會了開冰箱。他扶著沙發探索過去，把冰箱打開，踮著腳尖把一袋一袋的菜——包括雞蛋——扯出來，然後笑眯眯的坐到冰箱門上——涼快啊！還有成就感。

教育幾次無效，懲罰開始了，方式是打手板。我板著臉，說：「把手伸出來！」小秒針忙不迭的把手攤開到我鼻子底下，我一把抓住，用兩個指頭在上面拍兩下。小秒針燦燦爛爛笑起來，覺得很好玩，這對他來說是一個新的遊戲。如此懲罰的結果是：他反復的打開冰箱，聽到動靜的大人趕來時，他已然早早伸出粉紅的小手板，等待「挨打」。

這樣的次數多了，真正的懲罰勢在必行，我的手下得漸漸重起來。終於有一次，他感到了痛，這就不再是遊戲，而是懲罰了。

小秒針第一次認識到懲罰的反應是迷茫。他吃驚地看著我，不明白這一次遊戲為什麼不再有趣，不明白為什麼會痛，這時他看到了我的臉：板得緊緊的。這些現象共同組成了一個訊息：這是懲罰。此時的小秒針一定不能理解，對他的待遇為什麼這麼不公正。為什麼要讓他感到痛？為什麼不對他笑？懲罰指向的是不該做的事情，但為什麼開冰箱是不該做的事情？事實上，他不過是模仿婆婆和外公，卻要帶來懲罰！

我有時候很猶豫，不知道什麼時候對孩子開始懲罰才是適宜的。按說，應該在他懂得懲罰的意義之後，但是，如何對待他「早年」太多無心幹的「壞事」？聽之任之還是制止？如果是後者，又該如何制止？顯然，講道理還太早了。

其實，即使孩子懂得了懲罰的意義，懲罰本身作為以惡治惡，恐怕也不是一個好的教育方式。什麼是應該受懲罰的行為？我們也許會很快的回答：妨礙了別人或者違背了社會規範。但是對孩子來說，他沒有進入社會，無所謂違背社會規範；他總是在自己的世界裡自由快活，並不至於妨礙他人，至少不是有意的。倒是太多的人妨礙了他：他遊戲正開心，催他吃飯；電視正看到中間，逼他睡覺；大人要出門了，無論他在幹什麼，都不由分說被攔腰切斷。

很多時候，孩子並沒有什麼過錯，他們即使做出什麼不合大人心意的事情，也不是惡意為之的。他開冰箱，不過是模仿和遊戲而已，如果這也要受懲罰，世界豈不是沒有天理了：為什麼大人可以開冰箱，而孩子不能模仿？為什麼在自己的小房間裡開火車這樣的遊戲可以，而開冰箱這樣的遊戲就不可以？

所以，「開冰箱」顯然不能成為遭受懲罰的原因，雖然它事實上會造成損害，比如小秒針凍感冒，或者打破了雞蛋。但這個因果關係不是孩子能夠理解的，這時候的懲罰對孩子來說便是不合邏輯，沒有道理。孩子不能理解的懲罰只會助長他對大人的敵意和不講道理。大人並不重視孩子的邏輯和道理，其結果只是讓孩子變得不再講道理。具體到這件事上，或者更好的解決方式是試著轉移孩子的注意力，並注意避免當他的面打開冰箱，其他的事情，等他能懂道理的時候再說。

更多的時候，孩子之所以受到懲罰，還不在於他們無心的行為客觀上「有害」，而是因為他們違背了大人的意志。這一類的懲罰就很可怕了。

一個晚上，我帶著小秒針看電視連續劇。中間插播廣告時，我跟小傢伙玩起來，滾作一團嬉戲打鬧，很是開心。很快，電視劇開始了，聽到片頭曲，我坐直了，但小秒針意猶未盡，要繼續往我身上爬，嘴裡不停地咿咿呀呀。我順口呵斥兩聲，「吵什麼吵？別鬧！」不見成效，我順手把小秒針翻過來，對著屁股就是兩巴掌。孩子哭著跑到一邊去了，我得以安靜地看電視。

但秒針的哭聲從另一個房間曲曲折折繞著透出來，刺傷了我。秒針的哭，是因為疼痛，還因為莫名其妙。剛才還玩得好好的，怎麼轉眼就翻臉？如果剛才不是他而是朋友在聊天，我會因為看電視不理睬人嗎？會因為看不成電視揍他人嗎？這麼一想，我意識到自己的荒唐和殘暴。說到底，我沒把他當「人」，他的意志、情感、欲望和需求都置於我的之下，可以被輕易抹殺。

對孩子來說，大人是絕對的權威，但是如果所謂「權威」的意思就是可以濫用權力的話，如果大人僅僅因為他是大人、比孩子力氣大、有權威，就可以唯我獨尊、為所欲為的話，那麼孩子所追求的也就是這些了。他不能夠、也不需要理解大人，只要服從、同步就夠了。這助長了孩子的非理性、不謀求溝通、暴力傾向和對世界的敵意。所以不難理解，這樣的孩子一旦有了權威，他就可能用他的邏輯來衡量全世界。

為什麼我不能告訴小秒針，我現在想看這個電視劇，請他過一會再跟我玩，再給他一個足以轉移他注意力的玩具？或者，看電視真的比繼續陪孩子玩耍重要嗎？此時的電視，對我來說只是選擇之一，而此時的母子遊戲，對小秒針來說也許就是全部。孰輕，孰重？

巴掌打在孩子身上，羞恥卻落在我臉上和心頭。無論如何，懲罰是一種愚蠢的教育方式，反映的是大人的無知、弱小和愚蠢。大人在每一次威風凜凜掄起懲罰的大棒時，至少可以自問一句：這次懲罰的基礎成立嗎？孩子確實做錯了什麼嗎？

目的和效力

小秒針兩歲起，開始表現出一些「壞」習慣和「不良」行為，用紫禁城的話說：「這小子有點暴力傾向。」比如，他對武俠片很著迷，一邊看一邊比劃著「嘿」、「嗨」的，手腳亂舞，東倒西歪。還學了幾個「招式」，最經典的就是猛的一拍某人的後背，然後命令：「你吐血呀」、「你怎麼還不吐血呢？」

我和紫禁城小時候不約而同地都生過離家出走、去少林寺學武功的念頭，並沒產生什麼嚴重後果。但換了角色，擔心便多起來。本著防範於未然的教育原則，我們還是覺得有必要對小秒針的行為進行糾正。多次教導無效，我開始正式警告他：「如果你再動手打人，媽媽會把你關到黑屋子裡！」

誠實地說，小秒針即使有輕微的暴力傾向，也是我們「培養」出來的。在此之前，我們對小秒針的懲罰通常是打屁股。體罰當然是壞的教育辦法。但我從小淘氣，算是被打著長大的，罰站、罰跪都是常事。誰都知道，力是相互的，有作用力就有反作用力，也就是說，巴掌拍上我身，我疼，巴掌也會疼。所以老爹老媽通常會研製各種揍人的武器，我還記得小時候，他們把工具藏在最匪夷所思的角落，我則滿屋子找出來扔掉。下次他們要揍我了，才發現沒傢伙，我低著頭，心裡那個得意洋洋呀，美妙的成就感……。這樣暗地裡的較量，在我家常演常新。我至今還懷疑，腿上的幾條斜紋長疤是當年挨打的罪證，當然，老爸老媽是抵死不承認的。

小學畢業那年假期，老爹正式跟我談了一次話，大意是，古時候的女孩子及笄之年便算成年，現在我要進中學了，就算是大人，保證以後不再打我，但我從今開始，要學會自我承擔。那一次談話給我印象深刻，因為「及笄」這個新鮮的詞，而且那次歷史性談話確實歷史性地終結了我習以為常的挨打生涯。說句實在話，初一時幾次犯事，居然沒挨打，我還真有點皮癢癢，心裡那叫一個「莫名驚詫」。

所以，我從自己的經驗出發，倒也沒覺得體罰是多麼可怕的、扭曲心靈的手段。甚至下意識地認為，在中國的親子關係中，暴力是必要的、不可避免的。孩子就是這樣，你好說歹說，他也不是不明白道理，但在你狠狠揍他一頓以前，他總不把道理當一回事。體罰確實方便、簡單、直接見效，孩子在髒地上爬，揣一腳，他的行為當下一刻便糾正了，雖然也只是當下一刻。

所以很慚愧，我對小秒針還是經常動手動腳的。打得多，又不重，小秒針便跟我小時候一樣，「油」了。我是過來人，當然知道順手一巴掌其實沒任何作用，但成了習慣，還是順手一巴掌。

但現在，我們是要糾正小秒針動手打人的行為習慣，顯然就不能以惡抗惡、以打治打。否則，豈不成了自相矛盾？所以我威脅他要關黑屋子。

小秒針並沒有把警告當一回事，大概半小時後，他就犯禁了，動手掐了SC老祖宗。太歲頭上敢動土！我二話沒說，把哭鬧的他提拎進了一間平時不用的小客房。

這是小秒針第一次接受類似的懲罰。小秒針生性膽小，我並不想太嚇著他，以免造成心理陰影。所以最開始，我和他一起呆在小房間裡。我問他，是否知道我為什麼懲罰他？他作錯了什麼？他置若罔聞，一概不答應，一味地哭鬧，嚷嚷著要出去。

我問：「知道自己作錯了什麼嗎？」他大叫：「沒有作錯什麼。」再問：「打人對不對？」他更大聲地叫：「對！就對！媽媽走開！媽媽真討厭！」這樣的對話重複來又重複去，沒有進展。

幾個回合下來，我決定加大懲罰的力度，當他再一次揮手試圖打我，並叫嚷：「媽媽走開！」時，我離開了房間，將他獨自留下。

房門一關，小秒針便爆發出撕心裂肺的哭聲。他趴在門上，捶門、踢門、撞門、試圖開門，哭喊著媽媽。我在門的這一邊，咬著牙堅持了大概一分鐘，然後將門打開。

小秒針熱熱的小身子一下子撲進我懷裡，他很傷心地抽泣著，喊著媽媽，一頭大汗，雙手死命的拽著我。我捧起他的臉，只見小臉上塗滿了淚水汗水和鼻涕，一塌糊塗。或許是身上的痱子發了，或許是我的擁抱讓他多少感到了安全，他開始騰出一隻手上上下下地抓撓。

我靜靜地抱了他一會兒，等他漸漸安靜，拂著他的頭髮再問：「以後還能不能打人了？」他嗚咽著說「不能」；能不能說誰誰走開這樣的話？「也不能」；知不知道作錯了？「知道」；要不要改正？「要」。這時的小秒針對我有問必答，百依百順。我滿意地抱著他去洗臉、吃荔枝。

我們在一般的情況下讓小秒針自己剝荔枝吃，但是這一次，為了特別地表示愛意、友好與和解，我先剝了一粒給他，但他不理睬我，隻眼看著婆婆手裡那個正在剝的荔枝，習慣性地揮手趕我，說：「媽媽走開！——是不能說的吧？」他的手也在半空中停住了，沒敢落下來。他的表現惹得眾人一笑。我補充說：「當然不能的。」小秒針也笑起來。事情似乎就這樣過去了，看起來，懲罰已經取得了初步的成效。

讓我意識到自己的做法有問題是在十分鐘之後，婆婆作為補償，給他開了一個山竹，一邊問：「婆婆最愛小秒針了。小秒針喜不喜歡婆婆？」小秒針答：「喜歡。」我過來湊熱鬧，也問：「那你喜不喜歡媽媽？」小秒針飛快的回答：「不喜歡——喜歡的。小秒針喜歡媽媽。」他還補充地擁抱了我，在我臉上很響亮地吻了一下。

小秒針的親熱舉動，像打在我後腦勺的一悶棒。就在這一刻，我意識到了問題的嚴重性。通過懲罰，我想讓孩子認識到的是：有些事情是不能做的。如果做了，就會伴隨相應的懲罰。而小秒針接受到的訊息是：懲罰是可怕的，要逃避懲罰。方式是討好實施懲罰的人。

事實上，小秒針是屈服的，不是認識到「不應該打人」這個道理，而是屈服於懲罰本身，他並沒有接受一個做人的道理，倒是見識了一種惡性懲罰的力量。我懲罰的行為和我實施懲罰的初衷竟然如此的南轅北轍！

我記起了過去曾看過一本研究犯罪行為的心理學著作，有一段的大意是，違法者一旦被發現都有一種羞恥感，但是對有些違法者來說，這種羞恥感並不是對犯罪行為本身的羞恥感，而只是「懲罰羞恥」：對於自己作案失敗、沒有成功逃脫懲罰感到羞恥。這種羞恥感不能引起真正的悔悟，而只是加強對懲罰的害怕，受到他人指責的反感，以及對懲罰（作案失敗）的極力避免。

小秒針此時的心理狀態，便接近「懲罰羞恥」和「懲罰恐懼」，這很糟糕。其結果是，他並沒有往前追溯：受懲罰是不良行為帶來的，所以要改正不良行為。他只是單純地害怕懲罰，而害怕使他變得虛假並且說謊。因為懲罰的實施者是我，所以他對我很畏怕，或許還懷著一種不能說出來的「恨」，卻又極力想討好我以避免懲罰。長此以往，小秒針從我的懲罰中只會發展出兩種品質：惡（因為我施加於他的懲罰是惡性的）和假（因為他要逃避懲罰）。

這真是太可怕了！

我沒有回吻小秒針，而是若無其事地說：「哦，媽媽知道了，小秒針不喜歡媽媽。不喜歡就不喜歡嘛。」我儘量平靜，以免顯得不悅或賭氣。小秒針小心翼翼的觀察了我一眼，沒有否定。

又過了一小會兒，他試探著說：「媽媽是討厭的吧？」婆婆制止說：「怎麼能這麼說呢？」我連忙接過話茬說：「媽媽也可能是討厭的。不過，小秒針為什麼覺得媽媽討厭呢？」小秒針看了看婆婆又看了看我，沒有回答。他又玩去了。

現在，小秒針在一邊玩得很投入很忘我，似乎已經完全忘記了剛才的事情，但他給我留下了兩個大問題：為什麼我的懲罰會如此失敗？如何使他不至於小小年紀就變得虛假？

我的失敗在於，在整個懲罰過程中，我並沒有跟他講道理！我只是問他「能不能這樣做」，並且讓情勢——獨自關在屋子裡——逼著他說「不能」，但為什麼不能？我沒有主動說明，小秒針也沒有機會問「為什麼」。這就是我的錯誤——不講道理，更準確地說，是蠻不講理。而蠻不講理能帶來的只是屈服、虛偽和同樣的蠻不講理。

而使人不虛假的唯一方法是：不使真實的想法、說法和做法受挫。如果小秒針不喜歡我，他至少能夠自由的表達，我也可以和他討論，他的想法、他對我的認識對不對，彼此可以存異。但不管怎麼說，不能因為說真話而受損。如果他因為不喜歡我，或者說出了他不喜歡我的真實想法而受到不公正的待遇，他除了學著虛偽和說謊，還能幹什麼？

看來，懲罰的副作用，有可能比被懲罰的那件事的後果還嚴重。懲罰之所以要慎用，在於它本質上是一種暴力的「蠻不講理」。而教育，最好的辦法還是講道理。講道理才能培養理性和克制。教育要培養的，不該是單純信奉力量的野性的傑克，而是拉爾夫，所以，要樹立家長（海螺）的權威性，還要時刻懷著進入（回到）文明社會的理想。在暴君制下長大的孩子，或者屈從、委靡，或者盲從、輕率，或者不從、奸邪，這樣的人格，哪會有資格有能力進入現代文明？

茲事體大，可不慎哉？

尊嚴和羞恥感

我們都發現了一個奇怪的情況。在三口之家中，一個人批評或懲罰小秒針，他會對另一個人格外地凶。

這很沒有道理，就像這天早上，他又不好好吃飯，被紫禁城狠狠打了兩巴掌，終於哭哭啼啼地吃完了。事後，我一來覺得紫禁城的懲罰有點過重，有意彌補，二來也是賤人心態，要表示一下領導的誠摯問候和親切關懷，湊過去問：「剛才爸爸打得痛不痛？」哪知道捅了馬蜂窩，他一下子惱羞成怒地跳起來，大叫道：「你還說！我不理你了！」而且手腳並用，又踹又推。

結果，我的心房裡，本來合上的一竅被他如此砸開了。我突然知道問題在哪裡了：在他挨批評挨打的整個過程中，我是一個觀眾或看客。我見證了他感到羞恥的經歷，這傷害了他的自尊。

公正地說，我還是比較關照小秒針「面子」的，在可能的情況下，都不在公共場合訓斥他，尤其不讓他當著自己小朋友的面挨批。但是看起來，我的理解還不夠充分。

從那以後，我特別注意的一點，就是在他任何「跌份」的時候，我第一時間走開，事後也裝聾作啞，讓他獨自接受懲罰。

知恥是善的第一步，精進的第一步，而且近乎勇。我沒有理由不呵護。

一段時間之後，他對此反而不敏感了，我偶爾留在現場，或者事後談論起，他的反應倒平淡了。

我還就此跟他談過一次，他並不承認懲罰時被旁觀是尷尬和羞辱的事情。我也沒有深究，但是我就此給他規定了一條，以後別的小朋友挨訓的時候，他不可以在旁邊盯著看，無論是隨便看看還是興趣濃厚的看，都不可以。

從自私的角度，我只是不希望小秒針碰到像小時候的我那樣的刁娃，先被小秒針傷害，然後再反過來傷害他。

與「辱」相連的，是「榮」。小秒針很小的時候，就表現出相當濃度的榮譽感，後來上幼稚園、上學了，尤甚。隨便得個什麼狗屁小花朵回來，都恨不得全家每個人都用顯微鏡瞻仰一遍。後來大概是被嘲笑多了，不好意思，偶爾有個什麼一百分或獎狀之類的，總在一家人都聚齊了，順口來一句，對了，給你們看個小東西。東西輕描淡寫地一扔，自己跑到一邊去專心望天。非常精心的漫不經心。

我們呢，只能屈尊紆貴，為屁大的事出演驚喜和崇拜，擁抱、親吻、祝賀、索要簽名。表演要真誠、賣力，分寸要恰到好處，少了太清淡，誇張了又虛偽，難度相當的高。累啊。招誰惹誰了我們？

愛和孩童邏輯

小秒針一天天的長大，我想更多地用講道理來代替打罵。

這還是很見效的，因為小秒針很快就學會了講道理，兩歲多的時候，我們帶他出去玩。到了吃飯時間，該回家了。小秒針還是一路走走玩玩，兩百米一條回家的路，他能走上兩個小時，紫禁城火了，說，我們走，別理他。

我倆拔腳就走，小秒針大叫著追上來，一隻胖胖的小手指點著紫禁城，用責備和教訓的口吻說：「你解釋一下，把人丟下不管對不對?!」頓時讓做爹媽的兩個人跌破眼鏡。

但是，這些趣事只限於他跟我們講道理。我跟他講道理的時候，情況就截然不同了。尤其是我講話，他根本不聽。他似乎充滿了敵意，我一開講，他不是大叫大鬧，就是僵硬沉默。而我實在沒有太多的耐心，道理還在說，但語速越來越快，音量越來越高，頃刻間說了一籮筐，再逼問：「明白了嗎？」他沒反應，「說話呀！」他還是沒反應，我點著他的鼻尖怒吼，掐著他的胳膊搖晃，他愈發呆滯，這只會加倍激怒我。到最後，終究還是演變成暴力打罵。

暴力絕不是我最初想要用的教育手段，「被迫」實施體罰，只是說明我在教育孩子方面的無能，這強化了我的挫敗感，而這種挫敗是因為「小秒針執意不肯跟我講道理」引發的，有了這種怨氣和失敗感作梗，一旦實施體罰，我會非常兇狠。如此兇狠的懲罰，最終的結果總是更增加敵意。

這樣的惡性循環讓我困擾不已。我儘量克制自己，挑戰自己耐心的極限，即使講道理最後必然發展為打罵，我也儘量讓這中間的時間拉長些。但我的教育總是不見成效，小秒針的敵意似乎與日俱增。最後總是母子倆鬧得不可收拾，再由爸爸或婆婆來打圓場。

我一直以為是自己的耐心不夠，而我又難以突破自己的有限性，只因現實中千頭萬緒的紅塵繁雜填充心頭，說上三句話，我就要光火。

可以有一次，我發現了問題的另一個癥結所在。小秒針挨打後號啕大哭，紫禁城過來抱住他。小秒針趴在爸爸的肩頭，嗚嗚咽咽、抽抽泣泣的說了一句話，讓我們都呆住了：「媽媽為什麼不喜歡我？」

他把我的打罵理解為我不愛他！難怪他對我有那麼頑固的敵意！

我的思緒閃電般回想起更早些時候的一件事。他已經能獨立行走，但出門總還是要我們抱。我大半為了躲懶，小半為了鍛煉他的獨立意識和責任感，堅持要他自己走。他要攀上身子來，我就跑，不讓他碰到我，否則粘住了就甩不掉。有一段時間，只要出門，就要玩這類員警小偷式的遊戲。

我從來只以為小秒針是因為懶散或撒嬌才賴著要我們抱的。有一天，我們夫妻倆帶小秒針出門，他在追捕我失敗後，又開始圍追堵截紫禁城，結果摔倒在地，他就勢賴坐在地上，大哭起來。我過去抱他的時候，他說了一句：「以前都抱抱。為什麼你們現在都不要我了。」

那一刻，我的心都碎了。

原來，孩子的邏輯是這樣的：以前的抱是一種愛，現在不抱了，就是遺棄，就是愛的失落。早知道他這樣理解，我何至於決絕地逼他自己走路、自己吃飯。在這麼做之前，總該先告訴他，這並不表示我們要把他從溫暖的愛的懷抱推開，我們依然愛他，只是因為他年齡和能力不同了，我們的愛會以不同的方式體現。

而且捫心自問，當我被暴怒和挫敗感淹沒的時候，我對小秒針真的還有愛嗎？或是負面情緒的發洩快感其實已經超過了愛？在和小秒針展開「拒絕抱」和「索求抱」的拉鋸戰中，我就沒有遺落了教育的初宗，而變成了個人意志力的較量？孩子是敏感的，所以他說，我不喜歡他。事實上，他很有可能是對的。

小秒針控訴我不喜歡他，我想到要做的第一件事，就是把小秒針從紫禁城懷裡接過來，抱著，輕言細語，要澄清他的錯誤認識，讓他知道，媽媽是愛他的，包括媽媽的打罵。

但顯然，孩子能理解的愛只是柔情、只是關懷。要明白教訓、批評、懲罰、打罵，都是緣於愛、某種更深層的愛，這顯然超出一個兩三歲孩子的理解能力。他的判斷非此即彼，決不相容。比如，打罵就是打罵，是惡意和敵意，愛才是愛，涇渭分明，不容置疑。

那麼，我為什麼要為難他，為什麼就不能用他能理解的方式愛他呢？

就是那一次，讓我明確意識到，對做父母的人來說，學會如何表達愛，是個大課題，而對孩子來說，教會他理解愛，也是一門大學問。從此，我在每次懲罰他之後，都補充一道程式，告訴他，我是多麼地愛他，所以他的不良言行才會讓我這麼傷心難過，這麼生氣。

有記錄的一次是二〇〇四年六月十六日晚上，他不好好吃飯，被紫禁城揪到衛生間受罰，回來時哭哭啼啼的，我補充教育說：「爸爸是為了你好」，他飛快的答：「這是好嗎？好不是這樣的！」我驚歎之餘，趕緊跟他解釋「用心是好的」和「用好或壞的方式」的關係問題，動機和手段、目的和效果，以及為什麼對他採取這樣的方式，等等。苦口婆心半天，小秒針的情緒早過去了，說：「我都被你聽暈了，就算是你說的那樣吧。」什麼叫「就算」！

我說那麼多，他懂不懂，只有天知道。但我每次都說，總有一天，他會明白。

另外，那一次也讓我明白了一個道理，對小秒針來說，真正讓他難受的，並不是我的打罵，而是我收回了我的愛。可見，懲罰不一定非要是積極的「加」（加以批評、加以訓斥、加以鞭笞），還可以用消極的減法，暫時減掉一些他不願意失去的東西，比如玩具遊戲時間，比如美味，還比如——一部分的關愛和關注。我管這叫消極懲罰法，它比激烈的懲罰方式更好。

當然，不管用什麼懲罰方式，讓孩子明白其中有愛，是最重要的。愛顯然是比任何手段都有效的教育方式，或者說，它是任何教育的基礎。離開了愛，懲罰就成了敵我矛盾，除了滋生敵意、仇恨、屈服、對暴力的信仰，沒有其他的作用。

讓我欣慰的是，孩子對愛是極敏感的。有一次，他再次犯錯，我高高揚起手，小秒針大叫：「媽媽不打。」我冷笑，大喝一聲：「為什麼不打你？」小秒針對答如流：「媽媽捨不得。」再大一點，他的表達更肉麻噁心：「你怎麼捨得打你心愛的兒子呢？」我的心一下子軟了，水一樣流了一地。

磁帶是幹什麼用的

小秒針的很多挨罵，是因為分不清遊戲和生活。刷牙、洗澡、吃飯，在他看來都是遊戲。在理智清醒的時候，我當然知道，在生活本身中發現快樂，享受當下的生活，是孩子的超能。

但多數時候，成人不會覺得這是可欣賞的事情。至少，我總是試圖讓他明白，玩具和日常用品是不一樣的，後者不能像前者一樣用來玩耍，比如帶噴頭的衣領淨和洗手液不是水槍，口紅也不是蠟筆。

但收效甚微。

那一天，小東西完全沒事人兒一般從自己房間出來，問我：「媽媽，磁帶是幹什麼用的？」這個容易。我解釋說，磁帶上有磁粉，可以記錄聲波，所以用答錄機就可以聽磁帶上的歌。小秒針點點頭，走了。兩分鐘後，我才回味出不對勁來，小秒針大約一年前已經會啟動電視和答錄機了，他不應該問如此「低級」的問題。

我衝進了他的房間。

滿房間都是黑色的雲霧。他把兩盒磁帶全都抽出來了，我感覺全部磁帶接起來能從長沙到武漢，而且其中一盒是我最喜歡的民樂「漁江唱晚」，我讀大學時買了，跟我的淵源和比小秒針深多了。雖然其實我已經多年不聽磁帶了，而且以後也不太可能聽。但佔有欲被破壞，我還是感覺難受和心痛。

我暴跳如雷的把正在專心切橡皮泥的小秒針提拎起來，摔到滿屋子的磁帶堆中間。

「這是怎麼回事？」我還極力想裝文明人，「媽媽需要一個解釋。」

小秒針顯然沒有明白「這」指代的是什麼，他飛快的環顧四周，再看著不可理喻的我，不知所云地發呆。解釋什麼？

我讓自己安靜下來：「你為什麼把磁帶都扯出來了？」

「因為它很長啊。」回答再乾脆沒有了。

「它很長?!」我的鼻血簡直要噴滿牆了。長的東西多了去了，「因為它很長，你就把它都扯出來?!」血湧出來了我也得把它咽下去「……你想看看它到底有多長，是嗎？」

小秒針笑起來，點點頭說：「很好玩。」

我不得不蹲下來耐心說：「小秒針，磁帶不是用來扯著玩的……」

「那磁帶是用來幹什麼的？」

這是五分鐘之內我第二次回答同一個問題。我說，磁帶上有磁粉，是用來——在重複到一半的時候，我停下來了，突然覺得很有趣。

是的，磁帶是用來記錄聲音的，可是為什麼不能用來扯著玩？我們總是給一個事物一個固定的功能，磚是用來蓋房子的，筆是用來寫字的，其實，磚也可以用來寫字，筆還可以像簪子一樣用來盤頭髮。每樣東西本來都有千千萬萬種作用，可是我們限定了它們，我們習慣它們最經常的功能，不再計其餘。我們的思路是局限的和單一的，所以我們沒有想像力和創造力！

小秒針發現我在發呆，試探著叫：「媽媽？」

我機械地答：「嗯。」

成人是多麼功利和現實啊。東西是給人用的，所以凡事要問一聲有什麼用，比如磁帶有什麼用？可是東西不一定都是有用才有價值，如果一個東西沒有用，只給人單純的快樂，算不算有「用」。就像賈寶玉說的，扇子有什麼用？自然是用來扇風的，但是如果你喜歡用來撕著玩，也未嘗不可，只要開心就好。於是問題又變成了，單純的快樂在大人的心中還有多少價值，是有「用」還是無用？

小秒針把磁帶扯了，這事兒至少有兩點是我應該為之高興的，第一，他的想像力豐富，沒有「磁帶只能用來放歌」一類的思維定式；第二，同樣的一盒磁帶，只有一種方式讓我快樂，而小秒針卻創造出多種快樂的方式，那麼顯然，磁帶對他來說更有用，應該屬於他，即使他快樂的方式是毀滅。

我無限憐愛得的抱起小秒針：「媽媽錯了，磁帶可以用來聽歌，還可以用來做很多事情，比如扯著玩……」

「還可以用來捆東西，像繩子一樣。」

我鼓勵：「真聰明，你說說看，還能用來幹什麼。」

小秒針開始眉飛色舞：「還可以用來砸人的腦袋，轉著玩（用筆插進磁帶孔旋轉）……」他不斷地開發磁帶的用途，我頻頻點頭，為他驚人的創造力——和更加驚人的破壞力。

「很好。以後，聰明的小秒針還要為家裡每一樣東西都想出很多新的作用出來。」我吻他，說。

雖然這麼說，我到底還是要把衣領淨藏起來，很簡單，噴掉一瓶水和一瓶衣領淨，給小秒針的快樂是一樣的，但對我來說，卻是三分錢和三十元錢的區別。用盡可能少的代價給孩子盡可能多的快樂，這就是母親的本領。

我們家只是從此多了一種遊戲：比賽說某種東西的用處。比如一個碗，用途居然有三十種之多，包括扣在頭上作帽子、敲響了做樂器、災難中摔響了求救、用碗底作份量精確的量杯，等等。

愛的教育

最低級別的愛

家裡清掃衛生，小秒針比我們更積極。當然，是積極搗蛋。

我翻出他的一雙舊皮鞋，品質還不錯的，但他穿已經小了，而且鞋幫裂了一指寬的口子。我們懶得去修，爛鞋子送人又不合適，只能扔掉。

小秒針搶過來就跑：「媽媽，我來扔。」

我們家有三個垃圾筒，客廳和廚房的垃圾筒裝果皮、骨頭、菜葉，很髒；書房的放紙屑一類，是乾淨的。小秒針在往客廳跑。

我叫住他，在舊鞋外面套一個塑膠袋，叫他丟在書房的垃圾筒裡。

小秒針問：「為什麼？」

「你還記得昨天那個揀垃圾的老婆婆嗎？」

昨天剛下樓，小秒針就問：「媽媽，那個老婆婆為什麼不講衛生啊。」我看過去，一個老婆婆，正把手伸進垃圾桶。她滿臉黑色的皺紋，零亂的斑白頭髮在風中微微地抖，背上的蛇皮袋乾癟地耷拉著，顯見的當天的收穫不大。

我告訴過小秒針，不要靠近垃圾桶，不衛生的。而這一次，我給小秒針的解釋是，世界上有些人的生活比我們困難，他們為了生存，不能那麼講究生活品質。這雙裂了口的舊兒童皮鞋，我們雖然不要，有的人或許還用得上，如果扔在廚房或客廳的垃圾袋裡，就弄髒了，需要它的人還要清洗處理，用袋子兜起來，揀到就能用了，於我是舉手之勞，於人是方便，何樂不為呢？我不是要特別為那個揀垃圾的老婆婆做什麼事情，只是記得世界上還有一些人，雖然和我們不一樣，但同樣是人，同樣需要關愛和體貼，哪怕是微薄的關愛和淡漠的體貼。

在父母家，垃圾口道直接通著下面一個總的垃圾場，那裡總有一個揀垃圾的老人。因為上下相隔，有時上面的人扔東西下來，能砸得老人一身一臉。發現了這一點後，我每次都把垃圾袋口紮緊，而且從垃圾口道往下扔時，總高聲咳嗽一聲，提醒下面可能存在的老人。我並不是愛心特別充盈的人，做不來特蕾莎修女，我不會去和老人交談、握手，我甚至和別人一樣不動聲色地避開他，因為整天呆在垃圾場的人身上難免有氣味。我和老人，會永遠形同陌路，我並不打算對此做什麼。但人和人之間再陌生，彼此也該有最起碼的關照和尊重。以我的個性，習慣的就是這樣的人際關係：人和人之間彼此淡漠、疏遠、老死不相往來，每個人固守自己的空間，但舉手投足之間，於人方便。

在樓梯或者超市看到做衛生的阿姨，不一定要對她微笑，但是要尊重她的勞動，讓一下，以便她打掃，而且不要踩她剛剛拖過的地。

開車的人不一定要捎搭上每一個走路的人，但是開過水窪時，慢一點，以免濺濕行人的褲腳。貼近行人行駛時，也別按喇叭。

在公車上，不一定非要把座位讓給別人，但別翹二郎腿，擠佔站立者的空間。別讓自己的包也占一個座。中國的交通工具，如此闊綽有餘的情況很少。站著時，只抓一個吊環，因為別人也需要。也不要抱著鐵杆或靠在上面，那樣當然舒服些，但是有很多人就抓不住什麼東西來保持平衡了。

每天進出院門時，給看門人或電梯工一個微笑，或者點點頭。並不一定要親密的拉家常，但至少道一聲謝謝，哪怕是生硬的和程式化的。

……

我想告訴小秒針的是，世界很大，人很多，我們不會都認識，但是不認識的人之間也應該有愛。僅僅因為我們都是人，是同一個生物種類，有著同樣的生命需求，同居在一個星球上。這些足以構成愛的理由——最低級別、最低程度的愛。這種愛是有限的，不同於親友間的愛，但它仍然是愛，仍然重要。我們不親密，但第一，我們是平等的，第二，我們彼此尊重。第三，我們互相關照。

小秒針對於情感非常敏感，他整個上午都不動窩地守在窗邊，遠遠的盯著垃圾桶，直到老婆婆來，他興奮的高聲叫我：「快看，她來了！媽媽，我們要不要請那個老婆婆到我們家來吃中飯？」

我抱住小秒針，一起遠遠的看那個完全不知道我們存在的老婆婆，說：「不。我們不認識。」這不是歧視，如果撿垃圾的是我，我也只要求世界認可和尊重我的工作，並不要求世界請我吃飯。

愛情

發現小秒針的「戀情」完全出於偶然。我接他回家，下到樓梯口，迎面走過一個年輕的媽媽，小秒針說：「這是胡珊的媽媽。」

「胡珊是你的同學嗎？」我漫不經心地問。

「是的。」

我發現回答的聲音在離我遠去，回頭一看，小秒針已經掉轉頭跑起來，趕在胡珊媽媽之前，到教室窗戶邊去報告喜訊：「胡珊，你媽媽來接你了！」胡珊一出教室門，他的黑魔掌便一把鉗住小姑娘的嫩手。

「走，我們去滑滑梯。——走這邊樓梯——好吧，走那邊。」

那一天他興致很高，玩得很瘋，而且，一直和胡珊在一起。玩完了，跟著胡珊母女往外走，走到叉路口，還跟著，直到胡珊說，小秒針，你回家不是往那邊走嗎，他才「哦」地醒過來，居然還記得禮貌周全地跟胡珊和胡珊媽媽說再見。

完全沒有我的事，我只有跟在後面左突右奔、疲於奔命的份。

晚上洗澡的時候，我試探著問小秒針：「你最喜歡班上哪個同學？」

「胡珊。」咯嘣脆亮的兩個字，毫不拖泥帶水。

我突然很感動，兩歲半的孩子會「愛」嗎？會的，真的會。之後我發現，小秒針對胡珊的感情，幾乎涵蓋了成人所謂「愛」的一切。

第一，他希望和她在一起。晚上回到家，只要我提到，他總會「惆悵」（他會惆悵嗎？）地問：「胡珊為什麼不到我們家來玩啊？」吃到好吃的東西，總要問：「胡珊為什麼不到我們家來吃某某？」晚上上了床，還在問：「胡珊為什麼不到我們家來睡覺？」如此等等，不勝其煩。幾次下來，我再不主動提起他心愛的人的名字，免得自找麻煩。

第二，他在乎她的看法。自從知道了小秒針的「戀情」後，我就無恥地利用這一點達到自己的目的。不好好吃飯了？好啊，我這就給胡珊打個電話，告訴她小秒針吃飯表現不好，問她是否願意跟這樣的孩子做朋友。小秒針急得直跳，說，不要不要！我好好吃！拼了命的往嘴裡扒拉食物，塞得太滿，牙齒一嚼，白米飯就往外冒。眼睛還一刻不停的盯著我在電話機前的動作。飛快的吃了飯，第一件事情必然是「你給胡珊打個電話，告訴她我吃完飯了，我表現很好。」

更重要的是，他願意為了她作出犧牲。剝一粒糖，扔進嘴裡，嘎嘣嘎嘣的嚼，同時剝好另一粒糖，放在嘴邊準備著，空餘的一隻手緊緊抓著另一粒糖準備剝，眼睛還在剩下的糖果中搜索目標。他已經這樣子不動窩地吃了十多分鐘，桌上的糖紙堆起來了。他吃的糖果實在太多了，我不想讓他這樣。如果所有的辦法都用完了，仍然沒有達到目的，我會問：「小秒針，糖是不是特別好吃？」他流著醜陋的哈喇子點頭。

我像最歹毒的巫婆那樣居心叵測地笑容可掬：「那麼我們留一點給胡珊吃吧。」小秒針的動作能馬上停頓下來，當然還是會猶豫，不確定的說：「她不喜歡吃糖吧。」

我很權威地發佈訊息：「我知道她可喜歡吃糖了，她媽媽昨天告訴我的，她最喜歡吃的糖就是……」當然就是小秒針正陶醉於其中的那種。小秒針舔了舔嘴唇，飛快的說：「那好吧。」

溜下桌子，又回頭嚴肅的叮嚀我一句：「你把糖收好，收好。明天去幼稚園記得帶上——要偷偷地帶，老師不准帶吃的進教室的。」

他的嚴肅認真，首先把我感動得七葷八素。當然，還有嫉妒。於是，我就偷偷地、但是惡狠狠的，把餘下的糖全都吃了，就是不給那個小狐狸精胡珊吃。

這就是一個三歲孩子的愛啊，純潔又直接，非常美好。唯一的可怕，是他的愛目前還沒有排他性，胡珊並不是獨一無二的，還有陳淑瑜，也能得到小秒針同等的「愛」。以上表述的愛的故事的全部，也同樣適用於對陳淑瑜。

草色的性

在寶寶出生的前前後後，院子裡一共冒出了五六個孩子。其中最「親密」的是一個小姐姐，小名兒「之之」，比小秒針只大四天，兩個媽媽在一家醫院生產，病房挨著病房，小姐姐出生時，我還去看了她們母子倆，過了四天，我自己也生了，那就是小秒針。

因為這一層關係，小秒針和之之成了青梅竹馬的「一對兒」，他倆的笑話最多。他倆還都不會走路時，大人常常把兩人放到一輛小車裡坐著，小秒針就厚著臉皮去摟之之的肩，因為熱情，因為迫切，所以動作幅度大，力度亦大，形同綁架，而且志在必得，一次不成再來一次，鍥而不捨。成功了，形成兩個人勾肩搭背的既成事實，小秒針便洋洋得意，也有時候沒有成功，因為之之幾次躲不過，嚇得哭起來。小秒針停止了「侵犯」，驚奇的看著之之，一聲不吭，不明白這位小姐哭什麼。

之之剛被放進學步車裡時，有點不知所措，雙腿不會用力。小秒針自告奮勇上前推車，很紳士的風度翩翩，結果沒走兩步，左腳絆右腳，險些撲倒。

最讓人笑掉大牙的，是一歲多的時候，大家照例又在一起遛孩子或曬孩子。之之要尿尿，被牽到一邊去蹲下來，小秒針湊熱鬧，也跑過去蹲著尿尿。之之低頭一看，發現小秒針尿尿的地方比自己多了點什麼，她彎下腰去，瞅瞅自己，又瞅瞅小秒針，引得小秒針也來回地觀察比較。兩人互相引發和刺激，探索研究的熱情被點燃，之之本著實事求是的精神，伸出手來，一把就要抓了小秒針的「小雞雞」開展科研，結果被大人火速抱離。對孩子來說，這或許是第一次探索和發現的偉大歷程遭到打擊，而對我來說，這是小秒針平生第一次遭受「性騷擾」。

所謂「草色遙看近卻無」。進了幼稚園，小秒針對兩性的認識開始突飛猛進。原因是老師規定男生和女生上廁所分開了。為什麼要分開呢？小秒針不明白，放學路上就問我。

問題來得突然，我沒有準備，一時說不上來，只能虛與委蛇地拖延時間：那你自己想想看，是不是男生和女生有什麼不同？想不出來？這都想不出來？再想想！……直到我自己想到該怎麼回答了，才停止對孩子的「啟發」。（一句題外話：大人真的又狡猾又虛偽）

男生和女生，現在看起來沒什麼區別，就像種子剛發芽的時候，都是兩片嫩嫩的綠葉子，看起來一樣。可長著長著，一個會長成綠樹，一個會長成花樹。比如，以後男生會長出喉結，說話聲音會變低沉……

「女生會長長頭髮。」小秒針插嘴補充。

我懶得多解釋，胡亂點頭：「總之呢，綠樹和花樹的生活習慣、需要的營養和土壤都不一樣，所以需要分開來。」

說完了就完了，沒往心裡去。直到聽到小秒針後面一句話，我才意識到，今天的「閒聊」是多麼的重要。

小秒針說：「哦，那我明天不去看了。」

看什麼？

幼稚園老師讓男生先上廁所，女生後上。小秒針和另一個男生躲著裡面，想偷看女生，被老師揪出來了。他本來準備明天、後天、以後，都執著地探索和研究兩性秘密的，現在、暫時，是不需要了。

阿彌陀佛。

憑自我感覺良好的猜度，我以為小秒針對性應該有正確的認識。早在一歲多的時候，他開始認識自己的身體，肥嘟嘟的小指頭，點著身體的各部件，逐個提問。我介紹小雞雞的大名和小名時的態度、語氣，跟介紹腳趾頭的名稱沒什麼不同，小秒針也沒感覺。事實上，很長一段時間，他對腳趾的興趣比雞雞大。也就是那時候，他知道了自己曾經住在媽媽的肚子裡，也曾經挖著媽媽的肚臍眼，溯本宗源地找到自己爬出來的洞口。

但有了丁點兒「性知識」後，他曾讓我噁心了一次，我要上衛生間，他無事生非地問：「你去幹什麼？」

上廁所能幹什麼？我沒好氣地說：「巴巴。」

小秒針自作聰明地警告：「媽媽，你要小心。」

我聽不懂，「小心什麼？」

「你就是屙尿尿的時候把我屙出來的，這次別屙個小孩子出來了，在巴巴裡面好噁心啊。」一句話，把我鬱悶得六神無主、失魂落魄。

再大一點兒，在上幼稚園之前，他又必然地問到了「我從哪裡來」。這根本不是什麼難回答的問題。我稍微繞了個彎，先講了尼羅河規律性漲落的事兒，然後告訴他，媽媽的身體裡有一個花盆，叫子宮，就像尼羅河一樣，每個月會換上有營養的土壤，媽媽還會製造一粒種子，叫卵子，而爸爸製造的種子，叫精子。精子和卵子如果碰到一起，會擁抱再也不分開，就成了一粒真正的種子，受精卵。卵子帶著媽媽的秘密，精子帶著爸爸的秘密，兩個人的秘密都藏在受精卵裡，這粒種子如果掉進子宮花盆，就會生根、發芽，長出一個孩子來。這個孩子身上，就藏著爸爸媽媽的秘密。所以我們一家人，才會這麼親密。

我自認為自己的性教育做得很好，洋洋得意。以後再有類似問題，都是這一套臺詞。那天討論男女分廁時，也說到了這個。

我乘機再講點別的，比如生命多麼難得，要珍惜。如果媽媽的花盆破了，如果花盆裡的土壤不夠肥沃，如果媽媽沒有種子或爸爸沒有種子，如果爸爸和媽媽的種子沒有相遇，如果相遇的受精卵種子沒有掉進花盆、如果種子沒有能夠發芽生長……總之，有無數種可能，這個世界上就沒有小秒針了。小秒針還沒出生，就經歷了很多驚險和鬥爭。都挺過來了，才能來到這個世界上，所以，每一個出生的孩子，都是了不起的勝利者、成功者，無論是誰，都決不會放棄自己這個偉大的勝利，是不是？

小秒針瞪大了眼，驚異地自豪。他以前不知道自己原來這麼偉大。

已經說了這麼多，我乾脆順帶又講了月經，告訴他為什麼女性更需要呵護：如果花盆裡沒有落入種子，慢慢貧瘠的土壤就會被洪水帶走，等著下一次新的土壤。所以，女孩子長大後，每個月都會流血。這時候，就是她們需要更多關心和愛護的時候。換土的時候當然要小心，否則花盆會被碰壞磕壞的。說到這裡，小秒針很理解地直點頭，還摸摸我的肚子，登時把我樂翻了。

結果一周後，惡果出來了。

從幼稚園回來的路上，他和另一個小女孩一起玩，不知怎麼一來就吵起來，女孩子詛咒說，你回家會吃豆腐渣，明天走路，走一步就摔一跤，爬不起來。小秒針不擅攻擊，想了半天，回敬說，你長大後，每個月都會流血的。

小女孩聽不明白，而小女孩的奶奶經歷了短暫的迷惘和暈眩，才領悟過來，深受刺激的老人家懷著血海深仇，瞪著我們母子這對階級敵人，眼珠子都要掉出來了。我趕緊拖著小秒針，屁滾尿流地溜了。

在中國，性教育可能成功嗎？

理解兩性，除了生理層面，更重要的是對性別氣質和品質的認識。事實上，孩子每天都在接受「什麼是男（女）人」的教育，並自覺不自覺地依此進行性別塑造。圖畫書上、電視裡、廣告中、日常生活裡、幼稚園裡「我愛我家」的活動中，都在潛移默化。「男孩子，摔一下還哭，不羞」，或者「你一個女孩子家，還這麼髒」。員警是叔叔，護士是阿姨，農民是伯伯，售票員是阿姨。女孩子的衣服是粉的，男孩子的衣服是藍的。看報、玩電腦的總是爸爸，化妝或拖地板的都是媽媽。總是爸爸陪著孩子一起玩，回到家，有媽媽負責清洗衣物或準備飲食……

這些無形的教育裡，其實問題多多，性別角色太鮮明，社會就失去了彈性，也會無形中產生不寬容。在家打點、帶孩子的「家庭主男」就只有窩囊、沒有男性魅力？武則天可是毫無疑義的美女！在我看來，「人」是一個比「男人」或「女人」更具意義的詞，男人剛毅，女人也該堅強，女人溫柔，男人也不能冷血。兩性的差異和分裂，最初更多的是體力和生理機能造成的，所以有遠古的男性狩獵、女性耕種，有男耕女織。但越到後來，則越是人為地劃分鴻溝，所謂男主外女主內。本是一個圓，平白地一分為二，男左女右，不可越雷池半步，否則就是「偽娘」或「女漢子」。何苦如此固步自封？

當然，人分男女，男女當有別。問題是，世界需要兩極，但不是只有兩極，所以，我欣賞單純的性別：很男人的男性或很女人的女性，也同樣能欣賞具有異性氣質的人，或者同時具有兩性魅力的人，欣賞其豐富和斑駁。真正不可愛的，是兩性氣質都模糊的人。

我試圖讓小秒針理解，「人」這個概念中，「男左女右」各有其基本陣地，但大可不必膠柱鼓瑟，墨守成規。偶爾越過三八線，像另一種性別一樣地看世界、理解世界，不是什麼壞事。所以，女人當衝吧衝吧出房門，男人哭吧哭吧也不是錯。

但我能做的畢竟有限。小秒針在全社會、全方位無孔不入的教育下，開始形成他的性別意識。有些是天然的，比如他喜歡恐龍刀槍賽車，而對芭比娃娃從來視若無睹。但也有些是後天的，比如他喜歡粉色，我們要他挑自己的牙刷、涼鞋時，他仍然會選擇粉色，但會羞答答不好意思。二〇〇八年的六一節，我同事送給小秒針一份禮物，我正為還什麼禮發愁，小秒針很自信：「我去買！我們班的男生都知道女生喜歡什麼。」他直奔玩具區，一手抓一盒芭比娃娃，隨後看到了三位數的價簽，吃驚又遲疑：這麼貴。我說，那挑點別的。小秒針雙手一攤，那我就不知道選什麼了。

這種性別意識，其實破綻百出。八月底是難受的，我必須返校。秒針小小年紀就知道別離的滋味。從我第一次說要走了開始，他就不斷的阻止。最後，我只能選擇在他睡夢時離開。

第二天一早，小秒針起床，發現媽媽不見了，紫禁城向他解釋：「媽媽去武漢了。」

「媽媽為什麼要去武漢？」

「媽媽要寫論文啊。」

小秒針想了想，道：「等我長大以後，我要變成女的，也寫論文。」一句話把紫禁城氣得喪失了自我，他也寫論文，寫得比我還多、還好，怎麼就不算數了?!

另一次，是家裡剛開始養兔子時，小秒針特別喜歡蹂躪之以取樂。扯腿、拔毛、拉耳朵、揉肚子，暴露出孩子天性中殘忍和傲慢的一面，尤其是面對弱勢群時。二〇〇六年五月八日晚上，小秒針刷牙時，又偷偷溜出衛生間去玩兔子，嘴裡含著牙刷，手裡分別揪著兩隻兔子的耳朵，把她們提起來。遭到我們厲聲喝止後，他抗言自辯說：「我想分辨一下這對兔子是男的還是女的。」

怎麼分辨？

看它們被提起來的時候動不動，動就是女的，不動是男的。

這算什麼道理？我們表示願聞其詳。

因為提起來耳朵會疼。男的意志堅強些，不會動，女的就不行。

我就是女的。聽了兒子如此公然的性別歧視言論，除了擰他的耳朵還能幹什麼？我就這樣擰著他，看他動還是不動，看他是男的還是女的！

孩子總是通過「就近取譬」來認識家庭和兩性。二〇〇七年一月三十日，小秒針聽了一點越劇後，開始自己編順口溜唱：「天上掉下個林妹妹，嫁給我家解子佩。」居然合轍押韻。

我問：「嫁是什麼意思？」

「就是結婚唄。」

「結婚又是什麼意思？」

「就像你和爸爸一樣。」

還有一次，紫禁城在教育小秒針要積極進取的時候，自我表揚的毒癮發作，忍不住給自己塗抹了光輝形象做榜樣，說，爸爸小時候在農村長大，條件非常艱難，飯都吃不飽。可是爸爸很努力地學習、工作，在農村教書時，別人要給爸爸介紹對象，爸爸都不要，一心讀書。到讀研究生時，爸爸才認識媽媽……

小秒針很自然和流暢地接過話頭，說：「然後你們就相愛了。」當時在餐桌上，我剛喝下一口豆漿，頓時嗆得咳嗽不止。

「相愛是什麼意思？」我試圖問清楚。

小秒針把頭扭向我，對答如流：「就是談戀愛。」

「談戀愛又是什麼意思？」紫禁城問。

小秒針把頭扭向爸爸，還是對答如流：「就像你跟媽媽那樣，你們是夫妻，談戀愛的結果就是結為夫妻。」

爸爸媽媽似乎被嚇住了，你看看我，我看看你，都噤若寒蟬，不能再問了。

因為家裡常常有類似的場景和對話出現，我曾跟紫禁城商定，就算只是為了幫助小秒針建立對愛情、婚姻、家庭的認識，我們也要幸福美滿。再說，有愛、有家，我們有什麼理由不幸福美滿呢？

雖然玩詞語接龍遊戲時，小秒針會組這樣的詞：調戲、（戲曲）、取樂，而他寫語文作業，組詞，會有「美——美女、美人」、「愛——愛人、愛情」出現，非常貌似一花花公子，但並不能說明任何問題。事實上，他經常會暴露出對血緣和兩性的無知和混亂。比如說，他會拒絕「分享媽媽」。

成人大多是無聊的，喜歡纏著磨著孩子，問一些無聊的問題。「我再給你生一個小妹妹或者小弟弟，好不好？」

小秒針很乾脆：「不好。」

「為什麼？」我究根問底。

「他沒有媽媽呀，那多可憐。」

我不懂了，誰會沒有媽媽？「我是他的媽媽呀。」

「哎呀，」小秒針叫起來，「你是我的媽媽呀！怎麼又是他的媽媽呢？」

這是二〇〇二年發生的事兒。到了二〇〇四年元旦，又發生了「老婆」事件。

曾經，紫禁城順口叫一聲「寶貝」，小秒針理所當然地答應了。紫禁城不好意思，說：

「我沒有叫你。」

「那叫的是誰呢？」小秒針皺著眉。

「我在叫媽媽。」

小秒針眉頭一皺，很是鄙夷：「媽媽都這麼老了，還叫寶貝。她算不上寶貝了。」

從那以後，紫禁城就注意了「寶貝」一詞的專屬性，而改叫我老婆。但這樣仍然有問題，小秒針開始跟著紫禁城叫我老婆，二〇〇四年元旦期間，小秒針總是老婆長、老婆短的，紫禁城忍無可忍，說：「媽媽是我的老婆，不是你的。你還早著呢，你老婆還沒出生。」

小秒針很沮喪：「哎呀，我沒有老婆，氣死了。」然後命令道：「爸爸，你沒有老婆，媽媽是我的老婆。聽到沒有！」

從此，我就成了小秒針的老婆。

那一段時間，小秒針對爸爸最厲害的威脅是：「我不跟你玩了。」對我的威脅則是：「媽媽，我不跟你結婚了。不要你這個凶老婆。」每次說得我都羞愧死了。

在長沙時，小秒針最好的朋友是吳熹之。熹之父母與我們夫妻倆的友誼開始於兩個孩子誕生之前。兩個好夥伴經常一起玩，還互換家庭居住過。他們之間，曾爆發過兩次激烈的辯論：分別是關於雞雞和結婚。

二〇〇五年夏天，熹之來我家玩。兩個孩子在一起，永恆的話題（或爭執）之一，就是比，比玩具、比能力，今天上午的議題是比爸爸，一個說，我爸爸的書可多了，另一個馬上說，我爸爸的書還多些。一個說，我們家還有我爸爸寫的書，另一個又說，我們家的書都是我爸爸寫的……無有勝負。

中午兩人一起洗澡，脫光了之後，兩人開始觀察、比較和討論自己的雞雞，不知怎麼一來，上午的戰火被續上了燃料，死灰復燃，兩人又比上了。其中一個吹牛道：「我的是小雞雞，不過我爸爸的可大了！」另一個不服氣，接著吹：「我爸爸的還大一些！」兩人用手比劃著，先用一隻手，然後是兩隻手，最後是兩個胳膊。而衛生間外頭，一片大人都狂笑癱了。

二〇〇六年的五一長假，熹之和小秒針一起玩了一天，期間小秒針不知從哪裡學來了流行歌，幾次攀著熹之兄弟的肩，高唱：「我愛你，愛著你，就像老鼠愛大米。不管有多少風和雨，你都在我心中。」

我逗趣他倆：「你們這麼相愛，長大以後結婚算了。」小秒針和熹之同時大叫：「男的和男的怎麼結婚？」我問：「有什麼不行的？」

小秒針搶先道：「男的和女的才能結婚。」熹之支援道：「對，他們會生一個孩子——男的和男的結婚，就不能生孩子了。」

小秒針又補充道：「女的和女的結婚也不能生孩子。」熹之飛快地反駁：「不對，女的和女的結婚，可以生兩個孩子。」

他們倆都不是很確定，如爭日的兩小兒，眼巴巴地看著我，等著權威評定。而我呢，很沒出息地撓撓頭，裝得跟孔子似的，若無其事地溜一邊去了。

二〇〇八年二月，我們回合肥過年，先去普陀和杭州旅遊。被大雪封在了寺院上天竺，小秒針在那裡學會了六道輪回和十法界。我問，來世還願意做我們的兒子嗎？小秒針很肯定地點頭，讓我感覺多少有點欣慰。

之後，我們還就來生今世和人生規劃聊了半天。總而言之，小秒針對來世的安排是：婆婆做他的媽媽，外公作他的爸爸，我當他姐姐，而爸爸做他兒子，這樣就可以打爸爸了，報仇啊！他還周全地考慮到了，下輩子要跟奶奶結婚，因為奶奶是爸爸的媽媽，只有跟她結婚，才能生出爸爸來。

還有一個笑話，事關一個朋友的小孩盧滌非。滌非七、八歲時，一天家裡來了客人，是一個親戚帶著他們的女兒。客人走後，滌非一晚上都有點鬱悶。他媽媽開始沒當一回事。晚上睡覺的時候，滌非突然憂心忡忡地說：媽媽，我不想長大。

怎麼了？媽媽問。這話來得突然，媽媽完全不得要領。

滌非說：「我不想長大，長大以後我就要變成女的了。」

這是從何說起?!媽媽驚問為什麼。原來，今天來家作客的小孩，小時候淘氣如男孩，又是短髮，家裡也有她的照片，總之，滌非一直當她是男孩，現在女孩長大了，頭髮長了，人也文靜了。滌非一看，壞了，敢情男孩一長大，就會變成女孩啊。他自然開始為自己的未來擔憂了。

但是有時候，小秒針又似乎很是明白點什麼。他班上有個女生要轉學去杭州了。二〇〇八年四月七日晚上，小秒針回家議論到這事，總的感覺是遺憾、糟糕。

紫禁城打趣道，走了一個女生關你什麼事，這麼長籲短歎的。小秒針恨鐵不成鋼地分析說，哎呀，如果這個世界上女生的數量多，那就不再是男生追求女生了。

紫禁城很努力才讓上氣接上了下氣，問：那你們班呢，男生多還是女生多？你自己呢？兒子大叫：拜託！我還沒到年齡呢。這話題便到此打住，沒有進行下去了。

可是過了好久，晚上要睡覺了，小秒針突然又沒頭沒腦地歎口氣，道，唉，又轉走了一個女生。

過了兩天，小秒針在電話裡居然又提到了這個轉學的女生，說她走了。我逗他，想不想給那個女生打電話告別？他說沒有女生的電話號碼。我說我可以想辦法拿到號碼，問題是他想不想要。他猶豫了一小會兒，不好意思卻肯定的說：要。我心裡大彆扭，啪的一下就掛了這臭兒子的電話。

迄今為止，讓我最不可思議、而且至今無法解釋的，是二〇〇六年十二月上旬的一天，沒征沒兆的，小秒針早上起來，還在半夢半醒、睡眼迷朦間，突然道：「我想抱一個女的睡覺。」一大人跌倒在地再頑強地爬起來，掙扎著問，抱誰呢？答，徐金俐。那是他們班上各方面表現最突出的一個「好學生」。

直到今天，對於孩子到底明白還是不明白，我也沒什麼把握。

二〇〇八年五月五日，帶小秒針吃飯時，接到了一個朋友的電話。小秒針向來喜歡管事，我電話一掛，他就問是誰。

茵阿姨。我告訴他。茵在大學任教，單身。

見我樂呵呵的，小秒針又問，什麼事？

我只想囫圇過去，順口道，好事。

什麼好事？

我只好再多給點訊息，她接到了一個朋友的來信。

小秒針毫不磕巴地問：男朋友嗎？他說話再沒有這麼流利了。

我大好奇：為什麼一定是男朋友？

她那麼大年紀，應該有男朋友了。我趕緊看看四周，確信茵不在旁邊，也聽不到，否則她怕是要跳樓了。

你覺得什麼年紀「應該」有異性朋友？我試探。

他伸出幾個指頭比劃，我沒看明白，二十五歲？三十五歲？最後才知道，是兩個巴掌加起來，七、八歲吧。

這麼小！我大驚。紫禁城遲至讀大學，才有了第一次朦朧。相比之下，我一直覺得自己早熟，記憶中是在初中第一次對班上一「壞男生」有好感。七、八歲！除了打架、玩泥巴，我完全記不得自己還幹了什麼。

我開始失魂落魄，那你馬上就八歲了……我理解了什麼叫「欲斷魂」。

小秒針表情倒是自然又輕鬆，道，我才不要呢。我不想活得太麻煩。女生就是很麻煩，有了女朋友，就有很多煩惱。

這讓我恍然記起半年前的一件事。

那天小秒針一回家就報告，王建一今天揍了陳偉龍。為什麼呢？因為陳偉龍到處去說，王建一喜歡吳書涵。「真的，他倆戀愛了。」小秒針評價說。

正說著，王建一來家玩了。我很八婆地揪著他證實這事，王建一承認了，說，因為陳偉龍侵犯了他的隱私。

隱私。這是我第一次聽一個孩子說這詞。後來我才知道自己是少見多怪了，因為再後來陳偉龍來家，我問起他這事，他很平靜，也覺得自己侵犯別人隱私，該挨打。

王建一又說，他確實喜歡吳書涵。他問小秒針長大後考什麼大學。小秒針哈佛、牛津地瞎回答，再問王建一，回答是，吳書涵考哪個大學，他就考哪個大學。可沒過兩天，王建一說，他「現在決定不喜歡她了」，為什麼呢？因為愛上一個女孩子就會「受盡折磨」。

我以前還以為自己的神經足夠強健呢。「受盡折磨」四個字把我搖晃了兩下。再細問，兩個小孩爭著報告說，每次下課吳書涵都追著王建一打，他可受折磨了。班上的男生都打不過女生，不過女生也不會隨便打人，她們知道哪個男生喜歡她，她就會打他。

這種模式，豈不是跟成人世界的極其神似？

想到這事，我決定徹底瞭解一下三年級學生的感情生活。下面就是小秒針告訴我的情況，差不多都是他的原話。

> 我們班有三種人，一種是有女朋友的，他們最慘了，每次都被追著打。第二種也是有女朋友的，但是不善於表達，他們不會挨打，但是也很煩惱。（在此我需要翻譯一下，按照小秒針們的阿Q邏輯，喜歡誰就是誰。但凡心裡喜歡一個人，就算是「有女朋友」了，哪怕那個女生不知道。）只有我這樣的最好了，我才不想有女朋友呢。我是善於表達的，但我不想表達。我們班沒有我喜歡的女孩子，隔壁班也沒有。也沒有女生喜歡我，我們班沒有女生喜歡男生，都是男生喜歡女生。因為女生聰明一些，懂得自我保護。

看到這裡還沒有暈眩跌倒的人，我對你們只有崇拜。

這件事後不久，我還聽說了他們學校三年級學生的笑話，科學課上學了蜻蜓交尾後，有同學站起來問：「老師，為什麼蜻蜓生孩子是交尾，人生孩子卻要嘴對嘴？」我確證了一下，問如此富有創意和想像力問題的學生，不是小秒針。

但小秒針也問過高難度的問題。就在幾天前，我跟八歲的兒子聊天，講到《復活》，一個貴族男孩子和一個女僕……女僕被趕出去……她後來成了妓女……

小秒針問，什麼是妓女。

我噎住了，想了想，說，人類有不同的需要，由此，社會上會產生不同的職業，比如人都要吃飯，於是有了廚師，都要住房子，於是有了建築師……

小秒針眼巴巴看著我，好像在問，那妓女是什麼樣的職業？

我遣詞造句，還是說不下去，只好拿出最愚蠢的外交辭令，等你長大就知道了。

小秒針很不屑，算了，反正你也講不清楚，你接著給我講《復活》吧。

我這才如蒙大赦地復活了。

關於死亡的對話

那一場關於死亡的討論來的太過突兀，太過強烈，令我猝不及防。至今我也不知道，我的反應是否會對孩子造成長久不良的後果。

二〇〇三年十二月二十四日，冬天的太陽很好。我帶小秒針去圖書館。正是上課時間，雜誌閱覽室裡一個人都沒有，中學的圖書館，管理比較鬆散，人又熟識，我可以讓小秒針自己從架上挑雜誌，坐在走廊上，曬著太陽給他講解。

其中一本是《大自然探索》。有一篇關於考古的文章，配著清晰的照片，是一具剛出土的人體骷髏，小秒針問：「這是什麼？」我沒在意，順口解釋說，考古學家發現了一處遺址，這是其中的一副骨架。云云。

小秒針問：「骨架是什麼？」我仍然漫不經心，說：「人死了之後，肉體會腐爛，但骨骼不會，留下來就成了這樣。」

小秒針問：「有的人會死，有的人不會，對不對？」我完全沒有注意小秒針的眼睛和臉色，張口就回答：「不，每個人都會死的。人會慢慢長大，然後老了，就死了。」

小秒針突然抓緊了我，說：「媽媽，我是小孩子，我不會長大的，是不是？」我這個該死的豬頭，雖然有些詫異，但還是沒有反應過來小秒針何以突然「轉換」了話題，我實事求是地回答：「你當然會長大啦。」小秒針的臉僵硬到幾乎扭曲，好像要哭出來的樣子，他非常大力地抓緊我，非常大聲地喊：「我不要長大，我不要變老，我不要死！」

直到這時，我才意識到問題的嚴重。小秒針劈面遭遇到「死亡」了，而且是在完全沒有思想準備的情況下，如此地狹路相逢、冤家路窄，避無可避。我又是難過又是慌張，他這麼一點點小，就面對這樣深沉可怕的問題了，尤其是我，還完全沒有準備好，怎麼讓孩子面對死亡。我們母子倆就這樣貿然闖進——應該是掉進——了一個幽暗的世界。

小秒針用哭腔再次強調：「媽媽，我不要長大，我不會長大的。」他死死地盯著我，抓著我手腕，他的眼睛和聲音裡，都飽含著極其深刻和濃烈的恐懼。

他距離我很近，極其認真、極其迫切的盯著我的眼睛，再問：「媽媽，我不會死的，對不對？」我的心一陣劇烈的抽痛，一把抱住他。在教育孩子的問題上，我一向主張用最簡單和明確的詞，說出事實和真相，無論是性、失敗、噩耗或者其他。但那一刻，無論如何我也做不到，我只是緊緊地抱著他的頭，反反復複說：「當然，不會，不會的，小秒針永遠都不會。」我說「不會」，省略了後面的「死」字。當時只覺得，在最短的時間裡最有效地化解他的恐懼，是第一需要。

那一刻，我幾乎哭了起來。也是那一刻，我刻骨銘心地知道，自己犯了一個極其嚴重的錯誤，一個永遠都不能再挽回的錯：在一個錯誤的時間，用一種錯誤的方式，讓小秒針面對了死亡。我捧著小秒針的臉，心疼得無以復加。這是他的第一次。前一秒鐘，他還是那麼純淨無瑕、無知無懼無煩無憂，這張臉上的陽光是透明澈亮的。這一刻之後，陰影永遠覆壓了孩子的心，他知道了死亡這一真相，他的生命中，一道痕跡永遠地刻下了，他的人生將從此不同。他再也回不到過去，再也不會給我一次機會，讓我做好準備，更有目的地引領小秒針認識和面對死亡。死亡已經露面，我再也沒有機會了。

小秒針掙脫我的擁抱，把我膝上的雜誌合上，推到地上，大力拖我的手說：「我們走，我們走。不看書了，不看這本了。」

在此之前，我們其實多次說到過死亡。童話裡的山羊媽媽把大灰狼打死了，惡毒的繼母最後往往也死了，類似「人會老、會死」的話題也常說的，小秒針還曾經問過「爺爺奶奶老了，為什麼還不死？」這樣超級「童言無忌」的問題，被我們一疊連聲地喝止了。我對此勉為其難的解釋是：「人都不願意死，所以不能問這樣的問題，否則爺爺奶奶聽了會傷心的。」可以說，小秒針對「死亡」這個概念並不陌生，但今天的問題是，這是他第一次將死亡和自己聯繫在一起。

小秒針對「死亡」的認識，大概經歷了三個階段，第一個階段是童話時期，那時候只有壞人會死，而好人總是「從此過上了幸福快樂的生活，永遠永遠……」。所以，死亡只是對壞人的一種極端懲罰，不僅不可怕，而且很正義、大快人心。

第二個階段，他開始意識到，所有的人都會死，包括身邊的人。不過，他們的死在非常遙遠的未來，遙遙無期、難以想像，跟「永遠不死」也差不多。所以，死亡是別人的、遙遠的事情，幾乎可以忽略不計。到了今天，是第三個階段，死亡是真實的，就是這一具真真切切的骨架，真真切切地橫在面前。而且，這一次，死亡和自己有關，我——而不是別的任何人——將成為這樣一具真真切切的骨架，這是最可怕的一層。他者的死亡，和「我的」死亡，是完全不同的兩回事。前者是件「事情」，可以關心或者不關心，但後者事關「生命」，而且切身。

這次事件對小秒針的影響非常非常大，從那以後，他對「大」和「小」、「老」和「少」（其實就是「死」和「生」）的區分變得極其敏感。他不斷地強調自己是小孩子，他還小。他喜歡的每樣東西，都是「小」的。而且，他對任何跟未來有關的話題都開始回避和恐懼。好幾次，大人問說「小秒針長大了以後幹什麼」時，他總是說，他不要長大，「哎呀，我不會長大啦。」小秒針說。別人對這樣的回答感覺奇怪，只有我知道其中的因緣。

另一方面，從那以後，他對死亡事件充滿了幾乎病態的探求慾望。但凡新聞或言談中稍微涉及到死傷，他總是非常強烈和迫切地要求我們詳細講解，發生了什麼事情、怎麼死的，等等。但講完後，我們絕不能評論，否則他就大喊大叫，捏我們的嘴。

我對他那一段的狀態，真的憂心如焚，而且萬分內疚。正是由於我的馬虎和疏忽，讓小秒針在一種毫無戒備的狀態下，撞到了死亡，從此留下的陰影將影響他一生。

彌補式的教育，比循序漸進的教育要困難得多。如果理解死亡是創作一幅畫，那麼我已經失手在孩子的畫布上潑了一地的墨。先得慢慢擦去這恐懼的墨，再因勢利導地塗抹色彩、添加線條。

我試圖平靜地告訴小秒針，死亡是另一種存在，它並沒那麼可怕。我還試圖正面與他探討，他害怕死亡，到底怕的是什麼。我想儘快消除上次失誤造成的陰暗。但多數時候下，小秒針都強烈反感和回避這個話題。也許時機還不夠成熟，也許小秒針的心智還不夠承受，我著急也沒有用。我只能把這個話題藏起來，尤其是絕對避免「死」這個顯然非常刺激他的詞。在我的預警和監督下，「死亡」成了我們家最大的忌諱，連看新聞都提心吊膽、小心翼翼。

一段時間後，他逐漸平靜下來。風波似乎是過去了，我卻更加擔心，因為不知道那件事在他心裡是否生根或發酵，有了什麼變化，而我又不敢造次挑起這個敏感話題，怕鋒利的字眼紮傷了心靈。

二〇〇四年夏，已經過去了小半年，一天，我們在新華書店看書。通常情況下，我們各在各的書架前看各自的書，除非小秒針讀得十分激動，要與我分享。那天，我們分開不久，小秒針就攜了本恐龍圖片書過來，很肉麻地倚靠著我、貼著我，要求我跟他一起看。翻到一個板龍的頭骨，他說：「媽媽你看，那是板龍死後留下的。」翻到一隻大大的恐龍圖，他又說：「媽媽你看，這只大恐龍是從小恐龍長大的。」他不停地跟我說話，語速越來越快，聲音短促、乾澀，我也越來越擔心，忍不住抱住他，輕聲告訴他，不要害怕，讓他看點別的書。搞笑的、輕鬆幽默的書。

但其實我是高興的，因為這是那件事之後，他第一次自己主動提到「死」這個字。我想，小秒針其實也在努力穩定自己和說服自己，試圖勇敢地面對死亡。至少，現在，他能說出「死」這個字來了。

同年秋，我又一次見證了小秒針驚人的勇敢和自我修復能力。我帶他去古生物博物館，看他嚮往已久的恐龍化石。博物館裡有一個關於人類歷史的展室，陳列著元謀人、藍田人、山頂洞人、北京人等的骷髏模型和復原頭像模型。我本來只是想自己隨便進去看看，但小秒針跟了過來，他本來在外面看一副巨大的恐龍骨架。

我在展廳門口猶豫了一下，不是沒有顧慮。因為人少，有些燈沒有打開，室內比較昏暗。一束聚光燈打在一個頭骨上，讓展廳裡的氣氛有些詭異。但那時，我已經盡自己的能力對小秒針的死亡恐懼和創傷進行了一些彌補，我想看看效果如何，而且，小秒針自己也堅持要和我一起觀看，我答應了。他個子還太矮，我要抱著他才能看到展櫃。

走了幾個展櫃，我發現他的身子越來越硬，越來越小。他縮在我懷裡，捂著自己的眼睛，但他咬著牙，就是不說話、不退縮、不示弱。我心裡一痛，卻還明知故問：「怎麼了？」他這才催促我趕緊離開。

我心疼地抱緊小秒針，退了出來。但我心裡很高興，跟一年前相比，他更勇敢和鎮定了，在死亡恐懼出來時，他不是一開始就繳械投降，而是跟自己的恐懼進行了一番鬥爭，才不失體面地戰略撤退。他的表現給了我信心，孩子有自己處理死亡恐懼的努力和能力，但他也需要幫助。我想，也許我能慢慢做點什麼，彌補那一大灘汙染畫布的墨汁。

但那天還是刺激了他，回到家他就說，他非常害怕骷髏，也禁止我們說今天看到的恐龍，因為一說恐龍，他就想起恐龍骨架，然後就想起骷髏來了，真嚇人啊。臨睡時，孩子又嬌滴滴說：「我可不要夢到這些骷髏。」

還好，那天晚上，他睡得還算安寧。

再大些時候，我開始能夠和小秒針談論死亡話題了。我發現，當他把死亡還原為一個事件的時候，他還是平靜的。二〇〇五年十一月初的一天，小秒針在熹之家看書，書上有個標誌，熹之看到了，搶著說，這是骷髏頭，這個紅叉叉，表示可以致死，不能碰。等等。小秒針接了一句，他指著骷髏頭對熹之說：「你以後就會變成這樣。」他看著圖片和說這話時，都很平靜自然，但我估計，這不是因為他消除了死亡恐懼，而僅僅因為那是別人的死亡。所以我很小心地試探著問小秒針，那你會不會也變成這樣？他一聲不吭，掙開我的懷抱，把書丟開，玩別的去了。

我小心翼翼地讓小秒針接觸一些「死亡」，絕對前提是不刺激和恐嚇到他。不渲染，也不回避。既然我能夠像評價頭髮一樣地言及陰莖，我也應該像談論白菜漲價一樣地說到死亡。雖然這樣的態度未必正當，卻是正確的。我們一起看《第七封印》之類多少有點兒童不宜的電影。身邊偶爾有認識的人去世了，我也不瞞他。學生組織了讀書會，有一次討論「死亡」話題，我也帶他去聽聽。他都很平靜。新聞裡天天有災害報導，世界上每天都有人死於非命，我們一起看，慢慢的，小秒針也能評論兩句，「真可憐」，或者「真想不到」之類。他的口氣裡，有時候是悲天憫人的意思，有時候則是兔死狐悲的意味。有時候，這些事情會讓他情緒低落一小會兒。我裝作無事人，作壁上觀。其實是不知道該怎麼辦。

二〇〇六年的八月似乎是一個可見的分水嶺。我自來全然不知道陰曆日期。那一天，出門看到些老太太在買黃裱紙，小秒針好奇地拿了個金元寶來看，我就跟他講講中元節和盂蘭盆會，以及上元節的燈會。看到有人燒紙錢，我給小秒針解釋，靈魂不滅、陰陽兩界、紙錢的象徵等等。

我自然是本著無神論的立場，特別強調說「這些人認為如何如何」。但小秒針不滿意，追著問，那到底有沒有靈魂、有沒有地獄呢。我理解了「我」面對祥林嫂的困窘，支支吾吾不知如何說。我能看出來，小秒針是高興的，因為他可以用靈魂不滅的觀念「化解」死亡的問題。我不知道，是否應該打破這種「迷信」、讓孩子面對生命的現實，或者化解孩子的死亡恐懼更重要，無論用什麼方法？我只能含糊地說：「這個問題沒有人確切地知道。主要看你信不信了。比如我本人，是不能想像人死後有靈魂的，但有些人會相信。」

小秒針很同情地看著我，問：「你為什麼不信呢？」我無言以對，反問他：「你信嗎？」小秒針很肯定地點點頭，大聲道：「信！」他堅定的表情和聲音都令我震動，我發現他很開心的樣子。對此，我完全無力表態。

就在那年鬼節前後，我給他編了一棵樹的故事，一年四季就是樹的一生，春天的期盼，夏天的美麗，秋天的衰老，冬天，樹枯了，葉子落下來，他會難過或害怕嗎？不會，他快樂地活了一次，他用最好的陽光洗過澡；用最清新的風擦過臉；他舔過天上來的雨水；他很努力的生長過；他和身邊那片葉子的矛盾，友好地化解了；他喜歡的那只蝴蝶，曾在他臉上親過；他飄落之前，跟生養他的樹幹好好地告別了……他的一生，沒有遺憾了。現在，他落下來，埋在泥土裡。他身上的分子化入泥土，被樹根吸收。到了第二年，樹的新葉裡，有去年綠葉的精靈，他的葉綠素疊加在新的葉綠素之上，逝去的生命疊加在新的生命之上。

小秒針很喜歡這故事，反反復複要我講，我就先後講了好幾個類似版本的故事，一朵花的一生，一隻小鳥的一生，或者一隻螞蟻、一隻螞蚱、一棵小草，等等，還有他小時候看過的《小鹿班比》，他喜歡的哪吒復活。小秒針肯定是從所有的故事裡，提煉了同一個意思：死亡不是徹底的虛無，不是絕對的結束。有些東西，在生命和生命之間傳遞、留存，永不消磨。這個東西給了他極大的安慰。

老實說，我到現在也並不希望他這樣理解死亡，擔心他陷入神神鬼鬼的迷竅裡。他對神秘事物，本來就有超乎常態的好奇、認可和探求欲。但我沒有做任何事情扭轉他的認識。一來，這樣的理解可以緩解或化解他的死亡恐懼，這一點比什麼都重要。二來，事實上，尋求能夠超越一人一己之一生一世的價值，本來就是人類最根本的死亡安慰法。立德立功立言的三不朽是這樣，萬世功業、流芳百世是這樣，靈魂不滅也是這樣。較之「人生幾何，及時行樂」，相信靈不滅並沒什麼不好，至少，他會對生命負更長遠的責任。

似乎是從那段時間之後，小秒針對死亡的態度緩和了很多，他基本上可以比較鎮定地跟我談論死亡。他告訴我，死亡之所以可怕，是因為「就這樣不動不說話了，又不能吃，多可怕」、「什麼都沒有了」。但一般情況下，我們的討論總是難以深入和持續。他似乎艱於思考，或者艱於表達。為什麼會怕死？——我也不知道。還想再聊聊，——哎呀，你怎麼老說這些呀，沒意思。

一個明顯的影響是，小秒針漸漸對考古挖掘之類的事情充滿了興趣。他最喜歡的電視頻道是科學教育，最喜歡的節目是介紹考古發現的「探索與發現」。看到遺址、遺骨，他也害怕，但縮到我身邊，還是忍不住要看。我帶他去河北張家口市陽原縣的侯家窯，看河北省文物研究所泥河灣考古隊的工作。泥河灣的舊石器研究在國際考古界都很有名，平房裡排列著幾十、幾百萬年前的石器，還有犀牛的脊椎、鴕鳥的蛋殼……一千多片化石，每一個都編號、造冊、繪圖、記錄。小秒針在其間，很興奮。到了晚上，又害怕。死亡的恐懼，和對考古的興趣，有什麼關聯，我不知道。我只能順著他，靜觀其變。

最近的一次，小秒針又經歷了一次大的恐懼，二〇〇八年五月九日，小秒針身上突然潰瘍發作。紫禁城看了，順口來了句，是手足口病吧。小秒針當場嚇迷糊了，說：「那會死的呀。」當時這病正在各地流行，不時有幾例死亡的報導。這一下小秒針嚇得不輕，拼命掐我的手腕。紫禁城這個沒良心的，還繼續恐嚇說，誰叫你常常吃手指，吃了又在身上亂摸，就感染上病了。小秒針控制不住自己，所以恨自己，道：「我恨不得把自己的嘴貼上。」我大笑，問小秒針中過五百萬大獎沒有，如果沒有，他就沒戲了，得這病的概率比中獎還低，又嘲笑他是超級怕死鬼！小秒針不好意思了，但還是緊張。直道第二天在校醫院開了藥，他的心才徹底安頓下來。

在小秒針情緒比較穩定的時候，只要有機會，我都會見縫插針地與他談論一點死亡。因為我堅信對待困惑或恐懼的問題，最好的辦法就是面對它、化解它。晚上塗藥的時候，我問他死有什麼好怕的。他說是因為「不知道死了之後是什麼，又從來沒有死的人回來告訴我們」。我就開導他：我們不是經常出去旅遊嗎？如果這個世界上有一個特別有名的旅遊城市，叫「化城」或者什麼的，凡是去那裡旅遊的人，從來都沒有回來過，你會覺得可怕嗎？小秒針說，不怕。我問，為什麼呢，去旅遊的人從來沒有回來過耶。小秒針說：「大概是那裡的治安好，房子又便宜。所以他們去了都不願意回來。」

我說：「死也是這樣，死就是化城，我們以後都會去那裡旅遊，有什麼好怕的？」

小秒針問：「哦。真的有化城嗎？」他看我的眼睛很熱切，很清澈，一下子，我又不知道該說什麼了。

我該用自己都不相信的東西「欺騙」孩子嗎？還是不擇手段地安慰他？我只是迎著小秒針的眼神，輕輕地點點頭，催開了孩子安心的笑容。

直到現在，我仍然不能確定自己所犯的錯到底有多大，也不知道自己所做的事情——第一樁，生一個孩子。第二樁，讓他猝然獲知死亡的事實——意味著什麼。

孩子，生命是我給你的。至於死亡，是需要你自己去完成的課題。我似乎已經做完了我的死亡課題，你還要再努力。要知道，你完成的死亡，恰是我所給與你的生命的「最後審判」。我給你的生命開一個頭，你完成你自己。

孩子，一生的功課，你好好做。

情感和意願表達

在我個人的受教育經歷中，「表達」是一個空白，直到今天，如何表達自己的欲求、意願、感情，對我來說仍然是個問題。比如說，我至今不善於說「要」，主動索要東西在下意識裡被認為是貪婪的、沒境界的、小人喻於利的。即使別人給了，即使這東西天經地義份內該歸我的，也還要推辭一下、客套一下，彼此推推拉拉兩個來回，才「勉強」收下。

我也不會說「不」，只要別人開口，我的舌頭每次都搶在腦髓之前應承下來。結果每每是別人也埋怨，自己也被動。耽誤了別人的事，自己也成為沒信用的人，兩敗俱傷、狼狽不堪。（直到多年後，我學會了「用建議代替拒絕」，日子才好過一些。別人再要我幫忙幹某事，可以建議他另請誰誰誰，或「為什麼不如何如何做呢」。但實踐運用起來，仍然諸多失誤。）

這個問題對紫禁城先生來說，更為突出。我在表達方面有的毛病他都有，而且段位更高。此外，他還有好些我沒有的毛病。他的兄弟感情很深，但基本上不說具體事物之外的任何話，更很少肢體接觸。據說他都沒有關於父母擁抱的記憶。讓他表達任何溫暖的情感（謝意、歉意、感動、愛），曾經比要他的命還可怕。如果做錯了一件事，他可以砍下一條胳膊來作為賠罪，也不能開口說聲「對不起」。他愛一個人的最高境界，是全地球人都知道了，他還在堅定地否認，甚至特別創造些能夠證明他沒有在愛的言行舉止來，再在肚子深處獨自把腸子悔青悔爛。所以，我總說他是屬鴨子的，煮熟了還嘴硬。

總之，我們羞於表達情感、拙於表達意願，因為孔聖人早有教導在先：巧言令色，鮮以仁。老子也說，信言不美，美言不信。會說話的人都不是好人；要說出來的感情就不是有價值的感情。彼此心心相通就不必多說什麼。禪宗更是把「無有文字語言，是真入不二法門」、「不可思議」、「不立文字」之類的意思，反反復複都說爛了。

這一類貶低語言表達的教育深入人心，我們都堅信最深最美最純最真的愛，都是無言的會然於心。殊不知，心有靈犀尚且需要一點通，憑什麼就認定別人是自己肚子裡的蛔蟲？偏不說，偏不說，任憑誤會在人群中滋生蔓延，直到說也說不清。

受我們的毒害，或許還有遺傳的因素，小秒針很早就表現出鴨子的屬性。他表示友好的方式，是一聲不吭地把自己最喜歡的玩具死命往小朋友的懷裡塞，一直塞到對方哭著跑開為止。做錯了事，要道歉，被逼走投無路了，他才勉強貼著我們的耳朵，把一聲「sorry」直接送進耳朵眼深處，不讓一絲分貝流落在外。好像說外語就等於沒說似的。

最讓我氣結的一次，是有一天我放假回家來，外面正下著雨，小秒針明明是想念我的，吵著嚷著要和紫禁城一起到車站接我。可等我下了車，他卻一貫地冷靜沉默，一臉老成。我走過去，說，媽媽好久沒見你了，很想念，讓我抱一下好不好？那個混小子竟然斬釘截鐵道，不好。問他為什麼？回答是，因為「打著傘，不方便。」我當時就怒吼著踹了他一大屁股，因為心靈受到了嚴重創傷。

其實，孩子天生有情感表達的能力，二〇〇四年六月十六日的晚上，小秒針不肯睡覺，堅持要跟婆婆一起看報紙，婆婆沒答應，被強行按到床上後，小秒針自言自語說：「婆婆好凶啊，我好傷心啊。」可見，孩子的心之所動，是會言語的。

所以，小秒針不肯自我表達，自然有其原因要窮究。原因之一，是不善於表達，比如喜愛，原因之二，是不願意表達、不好意思表達，如那聲輕如蚊蟲的道歉，sorry是外語，說了等於沒說，如此掩耳盜鈴，只為那小小的自尊。但是，不管是「不能」還是「不為」，都不利於他與人的交流和溝通。

我深以為害。作為彌補，便格外注意調整他的行為模式，教他用正確的方式處理問題、用正確的言辭準確地表達感情。邀請小朋友玩，要求他一定說清楚：「我喜歡你，我們一起玩吧。」這話在我聽來足夠肉麻，但聽習慣了，很溫暖。

當然，還有示範。我們錯怪了他，必看著他的眼睛，幹乾脆脆說一聲「對不起」，態度坦蕩誠懇，聲音洪亮自然。慢慢地，他也能流利地說「對不起」了。

但很快，我就發現，僅僅靠培養一種行為習慣，並不能解決根本問題。比如他一般都會自然地表示友好、提出邀請，但有時候，卻無論如何不肯主動拉一下鄰家小孩的手。

我很奇怪，但也沒有特別深究，只當孩子的反復不定。直到發生了一件事情。

上幼稚園後，小秒針為了得到一種能粘在皮膚和衣服上的小星星，每每從老師那兒領了聖旨回來奉行。不准給我餵飯，我要自己吃！不准跟著我進衛生間，我要自己尿尿！睡覺前，還要把脫下來的衣服疊好。等等。

二〇〇四年三月二十五日，小秒針一出幼稚園就宣佈：今晚我要一個人睡覺。其實他生下來就睡他自己單獨的床，但睡覺前，我們總要陪他說說話、唱唱歌、講點故事，直到他入睡。今天是他第一次沒有陪伴地入睡。

那天晚上，秒針洗漱完畢，鑽進被窩，卻一直鬧……

從那以後，小秒針多數都自己睡，但照例事多，而且花樣翻新，什麼窗外好像有個眼睛，過來看看；身上好癢，過來幫我抓抓；電視在放什麼呀，好大一聲響；電視裡誰在哭呀……諸如此類。

那天他叫口渴。紫禁城把水杯端過去，小秒針端著杯子，說：「爸爸，你要早點休息。睡晚了對身體不好。」這話，我和老爹老媽是常掛在嘴邊的，紫禁城從來置若罔聞，小秒針這麼一學舌，他頓時感動得涕淚橫流、渾身酥軟。

我也不知道哪裡來的靈感，冷笑道：「別自作多情了。小秒針，你是想要我們來陪你睡覺是不是？」很多時候，孩子並不直接表達自己。這是考驗大人理解力的時候。

果然，小秒針一下子就彈起來了，抱著我的脖子，大叫「媽媽真好」。

一個孩子獨自在黑暗裡，害怕，也寂寞，想要人陪，是正常，為什麼不直接明白地說？卻七拐八彎地要人猜？「猜心」或許是文化傳統，深入民族基因，卻是我最痛恨的中國特色之一。我總覺得，人其實不需要活得那麼曲折，單純天真是美德，活得也輕快。如果心口不一才是禮貌和文明，那麼人類粗魯野蠻些也無妨。

我跟他講明這個道理：你要人陪，就說出來，不好嗎？不要讓我來猜你是怎麼想的，我會猜錯。

小秒針大委屈，怯生生道，我怕我們不答應。

我的心似乎停跳了一拍，突然什麼都明白了。真的，簡單強調要孩子表達感情，怎麼就沒考慮到，孩子有自尊、有感受的。被拒絕的滋味不好受，而託辭顯然是一種很好的保護，可以把語義轉向另一個可以全身而退的方向。一起去看場演出？如果你答應，邀請表示我愛你，如果不去，我只是偶爾多了張票，不巧找了好幾個朋友都沒空，不想浪費了。國人習慣性地不肯直接表達自己，原有這樣一份自我保護的意味在。

我讓小秒針明確地表達願望，其實是讓他冒被拒絕、尊嚴被損傷的風險。讓他的言辭裸奔，而且只有一個方向，斷了他的後路。這是殘酷的。

一下子，很多事情都可以理解了。我意識到小秒針承受的壓力、還有我的無理。比如，走在街上，小秒針賴在冰棒箱前無理取鬧，吵著說天氣熱或走不動什麼的，我就嚴厲地批評他，想吃冰淇淋就直說，因為沒有好好表達，所以堅決不給買。可是下一次，小秒針開門見山要求買冰棒，我的回答又常常是「不」。不健康、太涼了、太甜了、要吃飯了……

對於小秒針來說，如果反正是被拒絕，選擇一種死得不那麼難看的表達方式，豈不更好受些？所以再下一次，他又開始嚷嚷走不動、不舒服、天太熱了。

晚上想讓我們陪著睡的情況，也是一樣的。表達還是不表達，直接表達還是曲折表達，小秒針的選擇是有依據的。出了問題，責任在我。

這件事提醒我幾點，第一，不同的教育目的，有時候會互相抵觸。稍一疏忽，便顧此失彼。所以，要高度警惕、要梳理清楚。第二，在教育孩子要「直接表達」之後，便要對他的表達保持足夠的敏感。在可能的情況下，儘量滿足他的意願，作為直接表達情感的獎勵。第三，要講明白一個道理，並不是所有直接表達的願景就一定能如他所願。要求他直接表達，只因為這是一種比曲折表達更有效、更準確地方式。

所以我告訴小秒針，你想讓我們陪床，又怕我們不答應，所以找別的情況來說事。可是答應不答應，我們會有考慮的。我們可能答應你，也可能因為A這個原因不答應你。可是你不直接說，即使我知道你怎麼想的，我還是可能答應你，也可能因為A這個原因不答應你，可是，還有另外一種可能，我搞不懂你的真實意圖，你說渴，我就給你水，你說電視機聲音大，我就關了門，反正就是不來陪你，你又沒說要我陪呀，是不是？現在你來算一算看，直接表達，你會因為一個原因A達不到目的，但不好好說，你會因為兩個原因——A和我不知道你到底什麼意思——達不到目的。那種情況好，哪個更倒楣？

含糊的表達，只是更增加了事情的不確定性。願望不想受挫，所以加一份表達上的保護，但這層保護，反過來又因為表達不明晰、容易導致誤會，而增加了願望受挫的可能性。看到了第一層因果，還要看到第二層因果，這就是理性。

真的不要小看了孩子，這麼複雜的意思，多少國人不深究也不明白的，我說出來，小秒針居然能懂，還能主動道歉。

最後我說，按說小秒針這麼大了，應該獨立，應該自己睡覺。但因為今天你明白了「有話直接說」的道理，作為獎勵，媽媽陪你睡覺。不過，下不為例。

小秒針很高興地摟著我脖子，很快睡了。

第二天，小秒針爬上床，主動說，我還是想你們陪，不過算了，你們看電視去吧，我自己睡。我長長地舒了一口氣：這件事我終於沒有做錯。

正確的方式

小秒針總在提要求。「我想要……」

有的是合理的，比如，我想要吃一個蘋果，也有的是純粹的無理取鬧，比如，我想要出去玩。說這話是半夜三點一刻，他起來尿尿後說的。

當然不是所有的願望都能滿足他，總不能無休無止地買玩具、吃霜淇淋和糖果吧。得不到時，小秒針當然會大喊大叫，大哭大鬧，還有尖叫、跳腳、在地上打滾、扔砸東西。

最省心的辦法，是趕緊把他要的東西給他，圖個耳根清靜。或者暴揍一頓，鎮壓下去。但無論怎麼做，後果都很嚴重。前一種情況等於告訴孩子，用正常方式得不到的東西，可以通過撒潑吵鬧來獲得。以後他得不到滿足時只會越發變本加厲。後一種辦法則赤裸裸地宣傳武力至上，彰揚暴力。

所以越是哭鬧，越不能滿足他。為了避免自己失控動手，我保持沉默，乾脆走開。等他鬧夠了、累了、也絕望了。我才出來，做驚訝狀，哎呀，家裡怎麼搞得這麼亂，哎呀，小秒針還哭了，還坐在地上，怎麼了？

疲憊不堪的小秒針含著哭腔，聲如遊絲：「我要……」

「哦，」我恍然大悟，「那你怎麼早不說啊，我都不知道。」

「我說了，你不答應。」他還委屈。

「你說了，我都不答應，你大鬧，我不是更加不答應了嗎？」或者，「你哭著吵著的，我根本就聽不清楚你在說什麼呀。」剛才白哭白鬧了。

要傳遞的訊息只有一條：用正確的、正當的方式解決問題。哭鬧是沒有用的。好好說，講道理，試圖說服我，據理力爭，曉之以理，或者動之以情。

講理，是人類最高貴的方式之一。

二〇〇五年十一月一日是小光棍節，我和我們家唯一的小光棍又發生了衝突。他要求上學時帶上家裡鑰匙，放學後自己開門回來。我沒答應，他就大鬧起來，不依不饒的耍賴。

我警告他，記住用正確的辦法解決問題。我不答應給他鑰匙，是擔心他弄丟了，我列舉了丟鑰匙可能的後果，主要是小偷會來把他的玩具都偷走。而我懷疑他會把鑰匙弄丟，也是有依據的，因為他連課本、鉛筆、紅領巾都丟過，還有一次，更乾脆，在新華書店看書被趕出來，整個書包都忘記了。

罪證確鑿，小秒針安靜了下來。我接著啟發，那麼現在，要想獲得鑰匙，靠死纏爛打的辦法是沒有出路的。應該想辦法說服我，證明自己會小心，不會丟。證明的辦法很多，最管用的是告訴我，準備把鑰匙放在什麼安全的地方。

他開始想辦法，他說放在某處，我分析丟失的可能性，這樣一來一往應對了很久，其實我心裡很著急，因為早上的時間很緊張。也許我應該一開始就把鑰匙給他，下午回來再講道理？

終於，小秒針如願以償得取得了鑰匙，他得隴望蜀地追加條件，提出以後不要我們接送，自己回家，我也默許了。

小秒針很高興地喊著「謝謝媽媽」往外跑，我看看表，時間剛剛好。

這樣費時費力費口舌，當然很麻煩，我也不是每次都有耐心和時間跟他講半天的道理，事後還要洗手、洗臉、收拾混亂的房間。折騰半天，真的還不如在他哭鬧時滿足他，以換我安靜省事。

每次有這念頭時，我就告誡自己：長痛不如短痛。

從自私的角度，我帶孩子是一切圖省心。但省心有時效和期限之分。當前眼下的省心，和一生的省心，品質是很不一樣的。正常情況下，我和孩子會同路半輩子，他以後還有無數的事情，讀書升學、青春期叛逆、同學人際交往、師生關係、大學、就業、婚戀……我絕不想在以後，年過半百、兩鬢斑白之際，還勞心費神地處理少年心理疾病、自殺、離家出走、沉迷遊戲、厭學、早戀、厭世等一大堆問題。也不想老眼昏花了，還肩背手提的送他去大學，跑前跑後幫他辦報到手續，然後在校園旁邊租個房子給他洗衣做飯，等他畢業了又求爹爹告奶奶地給他安排工作，陪他面試，老了還打工幹活給他買房子娶媳婦。我更不想孩子長大後，終於能揚眉吐氣對我橫瞪眉毛豎瞪眼，他討厭我，恨我，冷漠我，敷衍我，同情我，或者，對我還好，僅僅因為孝心是社會責任……

不，no way!這樣悲慘的前景是我一定要避免的。治病不如防病，不如養生。所以，我寧可在孩子最初的時候費點心，培養好的習慣、理性、價值觀、各種能力、自控、是非判斷、理想、德行、求知欲……我負責基礎，孩子負責未來：他的未來，我的未來。我伺候根，他長枝葉。根深葉茂之際，我就輕鬆地放手了。我現在為孩子做的一切，權當為自己的後半輩子計吧。

孩子的理解

與表達教育相關的，是關於理解的教育。

理解當然不只是孩子的問題。小到人際糾紛，大到國際紛爭，很多事情都是因為表達和理解的錯位，導致了誤會。我們家就有一個「愛吃白菜幫子」的掌故。

剛開始一起生活時，彼此習性還不熟悉。冬天經常吃白菜，我注意到紫禁城每一筷子下去，夾的都是白菜葉，剩下一碗白菜幫子。我現在知道，一般來說，紫禁城是甘盡苦來的人，習慣於先吃完甜葡萄、好葡萄，剩下酸葡萄、爛葡萄，以後再收拾。他並不是不吃白菜幫，只是放在後面吃。但當時我並不理解這一點，既然他多吃菜葉，我就主要吃菜幫。

有一天，紫禁城發現了，問，你怎麼老吃白菜幫子？

我能怎麼說？我說菜葉好吃，所以留給你，我吃你剩下的菜幫？我停了一瞬，順口說，我喜歡吃白菜幫子。

從那以後，壞了。每餐的白菜，他都不厭其煩地把梆子挑揀出來，夾到我碗裡。我就這樣吃了半個冬天的菜幫。直到回我家過年，紫禁城親見丈母娘盡著菜葉留給我，才驚呼：「你不喜歡吃白菜幫子啊？」惱得老媽直拿眼橫他：「你見過誰喜歡吃菜幫的？」

我不好好表達，他沒正確理解。而他選菜幫給我，是表達愛的方式，這一點，我老媽也沒能理解。

人心隔肚皮，溝通多障礙。誤會多麼容易，而理解何其難。親人之間存了善意尚且如此，何況陌路人或有敵意？所以，我把學會正確理解，作為教育小秒針的重要內容之一。

有記錄的第一件反應小秒針理解力的事情，是關於他的「知錯就改」。

孩子一出生，有尿就拉，拉完了再哭，讓大人來換尿布、尿不濕。這是常態。到了一歲多，小秒針剛搖搖擺擺能走了，還是習慣隨地大小便。我們也見怪不怪，用拖把一拖就完了。寶寶那時還不會說話，但看在眼裡，記在心裡。以後尿完了，就蹣跚的走到大人面前，拉拉褲腿，指指那泡尿，嘴裡直哼哼，意思是提醒大人去拖地。

次數多了，婆婆自然要批評：「壞傢伙！又尿到地上了！」

小秒針察其言、觀其色、聽其言，明白了：那泡尿是不對的。結果，等外婆拿著拖把過來的時候，發現小秒針已經拿了雙拖鞋，小心蓋在那泡尿上。

另一件事，也跟理解有關，也跟尿尿有關。

直到快兩歲，小秒針還沒有學會自己去衛生間小便，總是隨時隨地蹲下來解決問題，然後站起來，若無其事的通知報告一聲：「尿尿了。」即使他在半小時之內連尿三次，其中一次尿在爸爸的皮箱裡，另一次尿在水杯裡，他報告起尿尿來依然那麼理直氣壯。

在家裡如此，出門也一樣。在一座沒什麼文明可言的城市，帶小秒針出去玩，跟遛小狗類似。遇到他要尿了，樹下、草地、灌木叢、下水道口，都能就地解決。

到了二〇〇三年上半年，小秒針已經上幼稚園小班，情況發生了變化。一次，我們出去玩，走在校園林蔭樹下，小秒針說：「媽媽，我要尿尿了。」

就見他褪下褲子來，手裡捏著雞雞，當街站著，東張西望的，半天不尿。我百思不得其解，問，你幹嘛呢？小秒針說，哎呀，這裡怎麼總是有人啊。

什麼意思？我沒明白。

於是小秒針說，他要等沒人路過的時候再尿。因為幼稚園老師說了，他們現在是幼稚園的學生了，不能再當著別人的面尿尿，這是羞的。

當然，尿尿和雞雞是兩回事。所以，不能當著人的面尿尿，至於讓雞雞長久地露在外頭給路人流覽，那是沒有問題的。小秒針的處理好象也沒錯。

這一類理解的偏差，歸根到底還是在於只向孩子提出了行為的規範，而沒有講清楚這規範成立的道理。

小秒針三年級的時候，有一次看完戲劇演出後，我們還去參加了劇組的交流酒會。酒會很輕鬆，長桌上備著水果、點心、飲料，演員和觀眾可以自取，邊吃邊聊。

旁邊的垃圾筒裡，轉眼就堆滿了用過的紙盤、紙杯和塑膠叉。我對身邊的環保有習慣性的敏感，看到酒會的檔次不算低，提供的塑膠小叉又耐用又漂亮，完全可以多次利用，覺得可惜，便低聲告訴小秒針，小叉用後別扔掉，可以帶回家。

酒會結束後，回家的路上，小秒針突然從口袋裡掏出四把小叉來，得意地宣稱，我每種顏色的都拿了一個。

我愣了足有一分鐘，孩子真的是隨時都可能給你帶來驚：驚訝、驚奇、驚喜，但更多的會是驚怪、驚愕，甚至驚慌和驚懼。

我大概又做錯了，教給了小秒針占小便宜，這是小氣量、小心眼、小家子氣的開始。我長長地出口氣，穩定了一下情緒。接過叉子來，問，你用過的是那一把？

他指了指紅色的那把，我把紅色叉挑出來，抓在左手，和握著其他三把叉的右手一起舉到小秒針面前，問，這兩隻手裡的叉子有區別嗎？

小秒針不明白我的意思，看著我，茫然地搖搖頭。

我抬抬左手，這個你用過了，別人不能再用，你可以處置。又抬起右手，這些是新的，別人還能用，你無權決定。這些叉子是酒會的組織者為了方便客人吃東西準備的，你是客人，可以用你的一份，可是你拿多了，別的客人用就不夠了。這就好比公共洗手間裡的紙和洗手液，是給大家用的，被人拿回家去，這樣對不對？

小秒針搖搖頭，這次很肯定，不茫然了。

我還得繼續解釋清楚：公用的東西不能拿，是公共道德問題；用過的叉子帶回家，也不是小氣，更不是為了佔便宜、得好處，而是環保的問題。叉子用一次就扔掉了，這樣太浪費，浪費錢，浪費生產它的勞動力，更主要的是浪費自然資源，還要花人力物力來處理這些塑膠垃圾。所以，有見識的人會儘量少用一次性東西，儘量重複利用，所以媽媽讓你把叉子帶回家。

懂嗎？沒有誰的家裡買不起刀叉，更不要這麼省錢，錢不是這麼省出來的，是掙來的。但我們的地球和大自然，要省著一點兒用，因為人類暫時還掙不來另一個地球家園。

和小秒針的談話到此告一段落，我相信自己講清楚了，孩子也明白了。我卻沒有松一口氣，而是更加難以釋懷。就這麼小的一件事裡，有物產的許可權問題、有公德問題、有對錢的觀念、還有環保意識問題，我竟沒有意識到其中的複雜，難怪會導致小秒針的理解偏差，而這偏差，對於孩子的人格、氣度、習慣，可能關係重大。

這讓我開始懷疑自己。比如以前帶小秒針去口腔醫院檢查牙齒，鑷子、柄鏡等一整套工具，我是叫他帶回家的，他當時很驚訝，還問過我：這個也能帶回去呀？依稀記得我當時沒在意，只是簡單地解釋說，當然啦，檢查託盤是我們花了錢的，家裡也需要這些工具。這事我們後來再沒有討論過，小秒針從中間學到了什麼？有沒有理解錯誤而導致觀念上的偏斜？

又比如，自從喝過一小杯果汁後，他對於在超市吃各類免費品嚐的食物興趣高漲，甚至喝了一杯回頭再去要一杯。我當然是只要發現便堅決制止，但他形成這樣的「惡習」，或許正是因為我的某些教育過於疏漏或漫不經心，讓小秒針的理解發生了錯位。而我對此還一無所知。

人的每一表達下面都隱含了某些訊息的背景，人們會想當然地以為，這背後的基礎是不言自明而且共通的，其實未必。千萬別以為你的邏輯就是別人的理解基礎，你這麼說，別人可能那麼理解。問題就出來了。

這件事給我的教訓是，第一，要充分考慮到孩子的理解力，即使是最簡單的一道命令，可能地話，也儘量把道理講清楚、講全面。確保他沒有會錯意。第二，請求小秒針幫助我，免得我誤會他，方法是有話說清楚，說全面。因為我不是他肚子裡的蛔蟲。第三，告訴小秒針，他也不是別的任何人肚子裡的蛔蟲。所以不要簡單地把自己的理解直接等同於別人的本意，而是要學會從別人的角度，更好更準確地理解他人，儘量避免誤會，必要的時候，還可以向對方求證，確保自己把握了他人的真實意思和意圖。

後來我在朋友處目睹了一樁「孩童戰事」，算是一個好的教訓。一個小孩子拿著個變形金剛在玩，來了個大塊頭朋友，二話沒說，搶過他的玩具遠遠一扔。小孩應聲大哭，撲上去跟大塊頭打起來。最後自然是兩敗俱傷，兩人都哭了，還都稍微掛了點彩。平息了戰火後，大人主要批評的，自然是大塊頭，是他先挑釁和「宣戰」的。可大塊頭比誰都委屈。他新得了個新的、大的變形金剛，第一時間拿來跟最好的朋友分享，他的意思是，你這麼個破玩具就不要玩了，但他沒有機會表達「玩我這個新的吧」這一層意思了，朋友已經撲了過來，戰爭爆發了。

回家把這事說給小秒針聽，他居然能分析清楚：大塊頭子是好心，但應該一開始就說清楚，再說，別人玩破金剛是別人的自由，他不應該扔別人的玩具。小孩子的問題在於，不該沒搞清楚情況就打架。要想一想，大塊頭是他的好朋友，怎麼會突然冒犯他呢？

小秒針以後還會遇到很多與交流有關的問題：表達自己、理解他人。我希望他始終表現得像這一次他評價別人的事件一樣：冷靜、理性、又帶著善意和熱情，富有建設性。

而我自己，也該加倍地理解和熟悉孩子的思維邏輯，否則就會出現偏差。在陪伴小秒針的歲月中，但凡我用自己的邏輯來解釋和判斷孩子的行為，便屢屢犯錯。

小秒針二年級的時候，我去賓館開會，順便捎上了小秒針。先寫完作業再玩，這是他的好習慣。賓館的地毯很厚，圈椅又笨重，小秒針拉起來很費力，所以他潦草拖動一下，就勢坐下，斜扭著身子寫作業。我見了順口吩咐，要他把椅子挪一下，正對著桌子，坐端正了。

從洗手間出來，我發現作業本攤開著，他拉動桌子的抽屜出出進進，正玩得開心，呵斥頓時從天而降。他蹙眉看著我，很是委屈的表情。我喝問：我讓你挪一下椅子，坐正了寫作業，你在幹什麼？小秒針答，在拉抽屜。我大喝，拉抽屜跟放正椅子寫作業有關係嗎？答，有。我當時都傻了，大驚疑。再問。原來，他要把抽屜拉到合適的長度，再讓圈椅兩邊的扶手都碰上抽屜，否則，何謂把「椅子放正」？「正」的標準何在，如何判斷？

也就是說，我讓小秒針作一件事，他遵命，正在認真做，我又反撲過來喝斥他，這樣的出爾反爾，還有天理嗎？可孩子如此輾轉又精密的思維，蠢笨如大人，如何轉得過彎來？

教然後知困

藝術或者科學？

當小秒針問問題時，應該給他科學的還是藝術的回答？這是一個兩難的問題，很早就開始困擾我。

兩歲時，小秒針問，太陽為什麼會下山？我正在為如何誘捕他回家而發愁，馬上借題發揮，回答說，太陽公公要回家了，小秒針也要回家了。

過了兩天，家裡買了地球儀，我冒充科學家開展科普教育，人類以前以為太陽落了，其實是地球轉動了一半。小秒針對我的無知表述強烈的不滿和憤慨，說，不對，是太陽公公要回家了嘛。

如果太陽不是公公，而是一顆年輕的星球。那我平時為什麼要胡說？出爾反爾的我，無言以對。

問到月亮，是該從嫦娥、吳剛講到西西弗斯呢，還是講環形山和潮汐？問到樹，是講樹葉和小鳥的愛情呢，還是講葉綠素、年輪和空氣品質？他總是問：你告訴我，到底哪個是對的？

我如何偏重美，講得形象生動，更富於藝術氣質和想像力。他會用科學的嚴謹來打擊我。比如我說公共汽車像移動的房子。他否定，說，房子有突出啊。意思是，房子外面有陽臺、除油煙灶台，都是從長方體表面突出一疙瘩，公共汽車的長方體很光潔，所以不像。

但是，如果我偏重真，他又嫌我乾癟無趣。我就秋千的構造、材料、原理解釋了半天，他一句話就截斷我了：我覺得秋千好像在擺手，說，你們不要來玩了。

真和美，在某些時刻是不能得兼的。

最後的解決方法，是我假設了一個科學家愛（因斯通）爺爺和一個藝術家安（徒生）爺爺，兩人是好朋友，喜歡回答小朋友的問題，又喜歡抬杠。每次小秒針問到什麼，兩個老頑童就搶著回答，愛爺爺說，如何如何，安爺爺說，何如何如。如此，讓科學和藝術並存。

比如，什麼是同心圓，同心圓像什麼？我發現這個問題很難回答，除了年輪和小石子扔進水裡的漣漪，我想不出別的。小秒針的答案卻一串一串，都是我想不到的。

像光碟

像眼鏡片

像我笑起來的嘴角——原來我皺紋這麼多啊。:（

像摞在一起的碟子——我每餐飯後收拾碗筷時，腦子都在幹什麼！

我好歹吃過很多鹽，走過很多橋，總不能輸給吃米和走路的小屁孩吧。所以，安爺爺說，同心圓像海的女兒見到王子後的心，一圈圈蕩漾開去，回不到最初的狀態。愛爺爺說，同心圓像太陽系裡星球的軌道。

如此高深的話，有蒙汗藥之功效，就見小秒針如押解生辰綱的青面獸楊志一樣，漸漸迷離暈乎，倒也！倒也！

但他還是掙扎了一下，習慣性地追問，那到底哪個是對的？

我說，都是對的，角度不同而已。世界有不同的可能性，也有不同的解釋。這樣說太抽象，只好拿一塊積木來演示。這麼看是什麼？紅色的正方形，這麼看呢？藍色的長方形。所以說，屁股決定腦袋，位置覺得觀點和立場，答案不是唯一的。

小秒針居然還不依不饒，說，不對，這塊積木是有幾種顏色的立方體。答案就是唯一的。我當場就要崩潰了！看起來，在愛爺爺和安爺爺之外，還得有個更厲害的奶奶出來，提供更正確和全面的答案。

黔驢技窮，我只能使出大人的殺手鐧：耍賴皮。反正，不同的人會有不同的答案，不同答案的驗證是另外一回事。你別什麼都問我，你也要提供自己的答案。算了，你還小，等你長大就知道了。好了，就這樣，滾一邊玩你的去！

聽話的好孩子，就糊裡糊塗地滾一邊去了。

謝天謝地，他後來還是基本上接受了安爺爺和愛爺爺的爭論不休。而且我發現，對於真和美，他同樣的欣賞。我轉述了一個爺爺的回答，他一定會追問另一個爺爺的答案，最後還喜歡自己給出評判：

這一次，我覺得安爺爺說得比較對。

得了，你說誰就是誰吧。

禮貌，天性或者社會性

我家樓下常停著輛吉普車，車身非常執著地骯髒，從來沒見它光鮮過。小秒針每次從旁邊過，都管它叫「爛車」。男孩子似乎總有一個階段對恐龍充滿興趣，又總有一個階段著魔汽車，小秒針就是如此，動不動就宣稱長大後要買跑車，等閒的紅旗、奧迪，都看不上眼的，對樓下的吉普尤其鄙夷。

那天我帶他在車旁玩耍，看見車主遠遠走來。小秒針瞅他的眼神裡，多的是大惑不解，少的是同情。車主走近了，小秒針高聲問我：「媽媽，這個人為什麼開這麼爛的車？」我一口氣上不來，車主已經走到跟前，要拉車門，小秒針又重複了一次問題，用的是更驚異和憐憫的口氣。我不敢看車主的表情，也不敢想像自己的表情，趕在暈倒之前，趕緊橫拖了小秒針落荒而逃。

類似的尷尬還有很多次。有朋友來家玩，給小秒針帶了玩具賽車。那時候小秒針已經能聽懂道理了，所以我告訴迫不及待要拆包裝的小秒針，中西方禮節不同，如果在西方，要當場打開禮物並表示驚喜和感謝，而在中國，不能當著客人的面清點禮物。小秒針很懂事地點點頭，一邊玩去了。我很欣慰，暗喜：孺子可教也。

十分鐘不到，小秒針現身了，昂然佇立在我和朋友面前，很不滿意地問：「媽媽，叔叔怎麼還不走啊？」叔叔聽我說明緣由後，一邊拆賽車，一邊自嘲，是啊，哪有這麼不識趣的叔叔。也虧得他定力過人，否則當場就出門自殺去算了。

後來聽朋友說起，這還不是孩子最讓人鬱悶的事兒。他們家的健康飲食教育作得太好了。有一天，爺爺奶奶來看孫兒，帶來一大包吃的。老人臨走時，孩子原封不動地提拎了那包東西過來，一點不磕巴地說：「你們帶回去吧，我們家從來不吃這樣的垃圾食品。」做媳婦的和做公婆的，都差點當場臊死。

當然，小秒針也做過「危險」的事。完全是我做佛教研究的原因，小秒針有多一點的機會接觸寺院和僧人。二〇〇八春節前夕，中國遭遇罕見暴雪的時候，正在外旅遊的我們被困在杭州的寺廟裡，和年輕的海印法師成了好友。寺院的清規戒律多，每月才有兩天假。放假那天，海印進城會人，快到規定回寺的時間，卻打不到車，我們便和朋友一起開車去接他。小秒針見了他，劈面就調笑道：你是不是好不容易能夠出去偷偷吃肉，所以絕不放過機會大吃特吃，才搞得這麼晚啊？

我猝不及防，還沒來得及告誡小秒針，宗教信仰、民族觀念、政治立場，是比常規話題敏感得多的東西，不可造次，更不能隨便開玩笑的。幸好海印年輕隨和，不計較。否則，童言無忌，也還是有問題的。

當然，認真想想，孩子也沒說錯、做錯什麼呀，都是心裡話，又沒有惡意，脫口就出來了。怎麼到了社會交往當中，就都不對了呢？

往上追溯起來，其實孩子的社會化問題是開始得很早的。

小秒針剛會走路時，婆婆給他買了雙新鞋，後跟一受力就會發光。小秒針喜歡得不行，走路的熱情空前高漲，走時一定扭頭看腳後跟，一見到發光了就興奮不已。但是鞋子的品質不怎麼好，要受很大的力才會發亮，小秒針不是每次都能把鞋踩亮，婆婆為了讓寶寶開心，用雙手捏亮鞋跟，以博孫兒一笑。小秒針幾乎每天都要求婆婆捏鞋，以此為必修課。漸漸發展到家裡來了客人，還沒坐定，他就提著那雙髒兮兮的臭鞋過來了，滿腔熱情的塞進客人懷裡，自己一隻，客人一隻，捏！

很快我就發現，小秒針並不僅僅是為了自己看鞋跟發光高興，這是他的待客之道，因為但凡他不感冒、不喜歡的客人，他還不給予奉上臭鞋的禮遇呢。他把他的快樂，送於他看得上眼的客人分享，我們卻難以容忍他的熱情。這時候，我還沒法跟他解釋，為什麼他那麼真誠和熱情的「禮遇」，卻是不合適的。

真正開始著手「社會化」教育，是小秒針一歲半左右的時候。當然，很不易，因為第一條，讓他明白禮貌和社會交往的意義，區分禮貌用詞和日常對話，簡直就做不到。

我教的第一個詞，是「謝謝」。什麼時候要道謝，小秒針記住了。

下一次，朋友帶來禮物，小秒針接過來，很認真地、咬字清楚地說：「謝謝。」

朋友摸摸他的頭，說：「不用謝。」

小秒針回頭看著我，滿臉的茫然、受傷害、無辜和委屈：「他說不用謝。」我在頭一秒還沒反應過來，直到下一秒聽到了小秒針的第二句，「你為什麼說要謝。」

與孩子在一起就是這樣，不是問題的問題也是問題。謝謝，是客氣，不用謝，也是客氣。可小秒針有他的較真，下次道謝的時候，他就說：「謝謝阿姨，要謝的，要謝的。」他怕別人說「不用謝」，把他的「謝謝」抵消了，他就白謝了。

這是理解的問題，還有執行的問題。

小時候，小秒針完全是大人的依附，溫順、乖巧、逆來順受、言聽計從。給他什麼就吃什麼，讓他叫誰就鸚鵡學舌的叫，讓表演什麼就表演什麼，讓他把零食或玩具給誰就給誰，我們謂之「聽話」，很是滿意。其實，每個人在生命的最初都是無比聽話的，只是因為他不知道為什麼要「不聽話」。

大概從一歲半開始，這種狀況開始發生變化，他不再那麼事事遵命了。遇到他心情不好，或者他不喜歡的人逗他，他會斬釘截鐵的說：「某某走開！」繼而毫不猶豫的動手驅趕，或者丟下人掉頭就走。

從某種意義上說，這絕對是件好事，說明他開始有自我意識，有自己的判斷，不再是大人的附屬。而孩子不會掩飾自己的判斷，他用最直接的方式表達自己的情緒和好惡。

但在與人交往中，這畢竟不是友好的態度和善意的行為，得有所制約，這是不言自喻的。但是，老天，我該怎麼解釋清楚，「為什麼不能叫人走開」？對小秒針來說，這本是不通的道理。他的本意並不是要冒犯或傷害別人，只是明確無誤地表示：我不喜歡你，別來煩我！他不喜歡某人豈不是再正常不過？他不可能喜歡每一個人。讓自己的討厭的人跟自己保持距離，這不是順理成章的正常反應嗎？這裡面能有什麼問題呢？難道你還非要委屈自己，跟自己討厭的人呆在一起嗎？這算什麼道理！

類似的問題還有，在路上遇到人了，我們要小秒針叫爺爺或阿姨，但他就是不打招呼，還把臉扭到一邊去，這就是「沒禮貌」、「不聽話」、「家教不好」。難道非要違心地跟人說話賠笑臉，才叫有禮貌，非要鸚鵡學舌才算「修養」？而要讓我——作為一個已經毒化的、不純潔的成人——講清楚「保持自我意志」和「在人際關係中維護他人意志」之間的關係，何其複雜！

當然，我可以用最快速有效的教育方法：強制、規定、命令他如何待人接物，讓他直接形成一種行為模式，無論他內心對此如何理解。這是一種快捷方式，見效快、效果明顯。但我也知道，這樣是有問題的，而且問題還不小。

最大的問題，就是可能變成音樂劇《學生王子》裡批評的皇室貴族，「etiquette yes，manners no」，一舉一動、一言一行，皆合乎規矩和家教，內心裡卻傲慢自大、目中無人，沒有發自內心的對人的尊重和禮貌。

我小時候，家不大，規矩大。家教應該算嚴格的，甚至於刻板，所以教養和禮貌對我來說都是數字：待客時，奉茶的手在杯子的位置；作客時，敲門的次數和節奏；吃飯時，筷子能伸出的距離；長者賜坐，能落座屁股的幾分之一，都是有定數或定量的。我似乎從有記憶起，就形成了一整套這樣的行為習慣，到今天還遵守著。我不會跟家人以外的人吵架，連給人臉色看都不會，這讓我很苦悶。

因為這「拘禮」，我常常會不喜歡、不接受自己。我的「好教養」在先，先入會為主，自我意識的覺醒在後，但一朝覺醒了，它就長得格外茁壯而強大，於是矛盾出來了。

天然的一身反骨，也作過短時間的憤青，也本能地拒斥社會化程度過高的人，與八面玲瓏者本能地保持心靈距離，潛意識裡還會有歧視和不信任。遇到不待見的人和事，心中的鄙夷是會「癟」從中來，不可斷絕的。

但歸根到底，我又是銅板型的人，叛逆棱角都在裡頭，外面卻是圓的。待人接物的行為方式，一旦根深蒂固地成為習慣或模式，就是獨立於我個人意志的力量，可以操控我。我不想這樣，但在「不想這樣」之前，已經這樣做了。這時我總質疑自己，為什麼要這樣委屈自己、給別人面子，他配嗎？

尤其變態的是，我越是對誰不以為然，表面上越會禮貌客氣有加，好像格外要彌補內心對他的不恭不屑一樣。回頭一想，這不就是標準的「口蜜腹劍」嗎？唯一的區別是，我腹中的這把劍永遠不會出鞘傷人。但如此為人處世，也夠噁心的。這對我的自我意識是一種打擊和壓制，是自我是一種分裂。有作用力就要反作用力，有壓迫就有反抗，自我意識的反抗力量積攢到一定時候，偶爾一次集中爆發，就會做出非常不理智、不合情理和真正缺乏修養的事情來。這樣的舉動與我平時的做派非常斷裂，與我的本意也相去甚遠，所以對於我的自我認同，只有破壞，全無增進。我倒希望自己對人的態度，能夠表裡如一，不喜歡某人可以直接表白出來，從此兩人撇乾淨了，老死不相往來。可我做不到。

歸根結底，我可能還算合乎社會規範，但其實社會化程度太低，沒有能夠平衡好自我本性和社會性。

（不過，問題總有兩面，事實上，培養一些程式化的行為模式，還是很重要的，所謂「沒有規矩，不成方圓」。嘴裡含著飯時別說話、隨時說謝謝、說話是看著別人的眼睛、別人說話時不插嘴、插進去要先道歉、不同的場合穿不同的衣服，這些應該給小秒針的修養教育，我做得很不好。內在的manners固然是根本的、第一位的，形於外的etiquette同樣必不可少。可惜，出於個人經歷，我是從一個極端滑到了另一個極端。）

保持自我和確立社會人格，兩者之間有永恆的矛盾和張力，這不是取捨的問題，而是保持平衡的問題，以構建行為習慣的方式解決這個問題，顯然是治標不治本的，畢竟，這是一個必須從思想觀念上想通和理順的問題，還是用中醫手段，從根本處調理比較合適，即使這樣見效慢，也不明顯，我因此「沒面子」的概率會大得多，但我必須這樣處理孩子的社會化教育問題。

第一條原則，不是所有的真實——你的真實想法、真實感受、真實判斷——都一定要表現出來。因為，首先，你的觀點不一定對。其次，在非原則性問題上，應該照顧到別人的感受。你認為很爛的車，其性能有可能很好，只是外觀欠佳；你不喜歡、不願意接觸的人，其實可能很可愛。所以，你的意見不是真理，不可以作為一切判斷的標準，而要兼顧他人的觀點。

要照顧別人的感受，是因為你的感受也需要別人的關照，這是一個約定，就像做遊戲：我對你好，你也對我好。至於如何知道別人的感受，方法是從自我感受類推。你在人家做客，願意被趕走嗎？你向人表示友好時，願意被拒絕嗎？如果不，就別這樣對別人。這叫做「己所不欲，勿施於人」。

第二條原則，為了照顧別人的感受，可以適當說些必要的和善意的謊言。因為在與人交往中，真和假不是唯一的標準，還有正確與錯誤、合適與不合適、美與不美，等待，很多不同的判斷標準。

這第二點尤其複雜和詭異。我很清楚，這樣的教育會有大問題，導致人格分裂都有可能。如果可以，我當然願意給出更清晰和簡單的標準：你可以不說話，但說話的時候，總是說真話。區分不說話和說話會明快得多：你的意見並不重要、而可能給人傷害時，就選擇沉默。比如，你覺得朋友的新衣服很難看，而他並沒有問你的看法的時候。

但讓我為難的是，在中國，僅僅做到這一點，基本上可以肯定是不夠的。如果你朋友問你的看法了呢，你能說真話？還是順口來一句「挺好」、「不錯」？要知道，他問你看法的時候，很可能並不真的在乎你的意見，要的就是你的一句贊詞，哪怕有口無心。如此無傷大雅的心理需求，滿不滿足他？

而所有這一切，看在孩子眼裡，落在孩子心裡，長出來的是什麼？

家人出門遊玩，路遇友人「劉臭美」，聊了兩句，她說到自己身上穿的衣服是上午剛在某高級商場買的。我順口說：「挺漂亮的，很配你的膚色。」還做勢撚了撚袖口，欣賞料子和款式。劉臭美當然是臭美地歡笑。

晚上吃飯時，閒散中又聊到了劉臭美，紫禁城說：「那件衣服你穿倒挺合適的，你比較瘦。」我說：「是啊，她穿有點緊張了。」

不過是隨意的閒聊，餐桌上卻響起稚嫩卻清晰的聲音：「可是，那衣服到底好不好呢？」小秒針一隻手舉著湯勺，迷惑的看著我。我又驚又窘，衣服如果好，為什麼背後說人家壞話，如果不好，為什麼當面說謊話。這確實是一個問題，不是嗎？

從根本處講，對於「修養」的看法，本身就是一個問題，這個問題，連自己也沒有完全想明白。

相對於滿口大道理的孔孟，我覺得荀子說得更在理，且不論「人性善惡」、「性惡善偽」這類容易起糾紛的問題，單說一點：禮節、修養、客氣，可不都是「偽」的嗎？心裡正不痛快呢，出門見了熟人，懶得理會，但還不也得打個招呼？家裡正忙著呢，來客人了，還能直接往外頭轟不成？這一份溫文爾雅和文質彬彬，都是打磨和修煉出來的。未經磨礪的本性，鋒利、尖銳、棱角分明，就這樣直接放入人際關係中去，彼此會擦傷、磨破的。所以要加入人力，這人力就是人為，人為即偽。「智慧出，有大偽」，倒過來就是，有大偽，才說明人類出智慧了。可見，「偽」是好東西，是人的力量，人的進步。虛偽之所以成為貶義詞，不在於「偽」不對，而是因為這個偽是「虛」了。

非凡的人、與眾不同的人，可能有格外的「真人真性情」，被列為「軼聞」或「掌故」。大家習慣於認為，有思想、有成就、有個性的人，就有特權淩駕於世俗禮節之上，對此我不以為然，就算我是一大俗人吧，我就覺得個性不是這麼張揚的，做人不該是這樣的。名士風流我也欣賞，但要有分寸。原因很簡單，如果人人都是狂放名士，人類社會會毀滅的。做人不必拘謹僵化，不妨放浪形骸、縱情恣肆，但如果這放浪是以壓縮他人的空間為代價，就另當別論了。誰有特權侵犯他們的空間呢？人總還是要做有修養的人、關照他人的人。

人有兩種活法，一種是自己活得自在，但別人看著彆扭；一種是別人見著順眼，但自己活得難受。這種兩分法其實是沒道理的，人人看著你彆扭，這一點肯定會損害你的自在感；你自己太難受憋屈，別人也能看在眼裡，不那麼順眼。所以，重要的是在自我的本性和社會規範之間，找到動態的平衡。

當然，這話如果只站著說，是不至於腰痛的。問題在於，既要有「真」性情，又要有「偽」修養，這實在有點兩難。修養到哪個程度，才能既不磨損自己的真性情，又不至於太過鋭利傷害他人？如何區分「偽」和「虛偽」？如何做到「隨心所欲」同時又「不逾矩」？至少到目前為止，我自己既沒有在理論上想明白這些問題，在實踐上也沒能達到自在之境，待人接物，每每不是委屈了自己（多數情況下），就是冒犯了他人（陣發性癲狂）。所以，我不知道如何教孩子。一切只能靠他自己，在接觸自己的心靈和他人的感受中，慢慢摸索到「無厚」和「有間」。但願他以後能「依乎天理」、「因其固然」，有真性情卻不止於村野無文，溫文爾雅卻不止於惺惺作態。「恢恢乎其於遊刃必有餘地矣」，不至於重蹈我的覆轍。

善哉！善哉！

信任或者自我保護

帶小秒針去看演出，在大廳咖啡座休息時，鄰座的男子逗小秒針：「你叫什麼？多大了？在哪裡讀書？」

小秒針一一回答了，口齒清楚。

我以為男子會誇孩子兩句，誰知他問：「你怎麼能說呢？老師和媽媽沒有告訴你，不要告訴陌生人自己的真實情況嗎？你要是碰到壞人和騙子了怎麼辦？」

小秒針有點茫然又有點恐慌，望了我一眼，而我只有驚愕。

這才意識到，整個社會都在教育孩子對於世界、他人的懷疑和不信任。而且這種教育是那麼的明確、共識。從大灰狼的故事，到「小兔子乖乖，把門兒開開」的兒歌，不要吃陌生人的東西，不要跟他們走，不要告訴別人家裡的電話和住址，不要……

因為，就像那個男子說的，他是陌生人，如果他是騙子呢？壞人呢？罪犯呢？歹徒呢？綁架勒索者呢？買賣器官的呢？人販子呢……

可是，所有這些對陌生人的警惕和敵意，都屬於有罪推定。這很不公平。我曾和朋友阿樂帶著各自的孩子在校園裡玩耍，碰到一個賣炒貨的游商。五十來歲的農村漢子，鞋子露出腳趾，挑著籮筐，不怎麼乾淨的蛇皮袋裡，是一袋袋的花生、瓜子、黑豆、蠶豆。他和兩個孩子你一句我一句地對答著，我們並沒在意。後來，小販彎腰舀了一杯子炒黃豆，倒到兩個孩子的手裡。

這一幕突然被阿樂看到了，她完全是條件反射地大叫了一聲。她兒子彎腰低頭，嘴正貼近掌中的豆子，頓時被叫停了。小販也僵在那裡。過了幾秒鐘，孩子才抬起頭，用一種犯了錯的眼神望著媽媽，不知道如何處理手裡的豆，他要把豆子還給小販。而小販也復蘇過來，笨拙的準備收回豆子，眼睛卻看著阿樂，訕訕地笑，說：「這是賣的豆子，自家種的，自家炒的，可以吃的。」他反復說，沒事的，可以吃的。

阿樂絕對是善良的人，馬上也不好意思了，吩咐孩子說：「伯伯給你的，你就收著吧。」孩子聽話地把豆子放進口袋。我們都看著他這個動作，或許我們都知道，這些豆子是可以吃的，也是不會被吃的。

當時的情形，我簡直不知道怎麼處理小秒針的豆子。行動不保持一致，等於在拆阿樂的台，保持一致，則更加傷害小販。我把自己變成鴕鳥，裝聾作啞。

所幸，小秒針一邊安靜的注視著這一幕，一邊毫無心理負擔地大嚼猛吃。我真希望那個小販不僅看著阿樂，也還注意到吃相難看的小秒針。

現在寫到此事，小販的臉還能清晰地浮現在我眼前：黑、滿是皺紋、但慈祥，皺紋的線條都柔和。他的眼神讓我至今感到心疼，驚愕、委屈、無辜、試圖證明清白，又不知該怎麼辦，怯怯的、有點想討好的意思。毫無疑問，他只是一個純樸善良的普通鄉下人，因為喜歡孩子，不惜從賣錢的商貨中分一杯豆子出來，給孩子嘗嘗鮮，逗孩子高興。

阿樂也一定知道這個。所以，轉眼小販挑著筐要走時，她很熱情地讓孩子們跟伯伯揮手、再見，再次謝謝他的炒豆。小販也笑呵呵的說再見，臨走又特意摸了摸兩個孩子的頭。我想，他還是喜歡孩子的。但願他下次逗小孩時，還能夠心無芥蒂的舀一杯炒豆，但願那個孩子，也能心無芥蒂的吃一杯香噴噴的豆。

不僅僅是社會治安現狀的原因，還是我們的文化使然吧，我們不知道該如何與陌生人相處，我們本能地對陌生人充滿敵意和懷疑，因為不「知根知底」，就覺得那是一個沒譜的人、暗含了危險和陰謀的人。我常看到身邊的人，都是好人，熱情的人，見了熟人打招呼，喜眉笑目的，但對陌生人，總是虎著臉、凶巴巴的，從來沒有好聲色。他是陌生人，憑什麼給他好臉子？再說了，他是陌生人呀，給他臉色看也沒後果的。

我常想，如果一個人，沒有親人、同學、同事，孤零零地生活在國人中間，不知有多痛苦。誰可能對他和顏悅色？誰會跟他說兩句閒話？他可能交到朋友嗎？

但是，無論是阿樂，還是音樂廳裡逗小秒針的男子，都並非沒有道理。不要和陌生人說話，要有基本的自我保護意識。看看新聞吧，不膽戰、心驚、肉跳，才怪呢，現在的騙子和各色罪犯，豈不是無孔不入，無奇不有？不警惕一點？等你上了人家的道，哭就來不及了。

對人應該信任嗎？那後果可能非常嚴重，對人要弘揚懷疑精神嗎？那可能嚴重傷害他人。我願意做一個對他人充滿善意的人，希望世界充滿溫情，包括溫暖陌生人。而且，活在不信任和懷疑中的人是不安的，不踏實、不放鬆也不快樂。可是真的不懷疑？隱患無窮，能踏實嗎？

我只能告訴小秒針，即使對陌生人，也要友好和善良，不要因為你們不認識，就語氣生冷、表情僵硬，即使你們不認識，也可以舉手之勞幫助別人。但保持底線，比如，一個人在家不要給人開門，不跟著人家走，不說出家庭住址和電話，不吃人家的東西——

不吃人家的東西，阿樂的問題又回來了。

那麼，算了，等你長大後，再嘗試著去區分和判斷陌生人吧。退一步說，一切都是有代價的，我也曾被騙啊，不止一次。所幸，每一次都不是很慘痛，所以還不至於耗損掉我對陌生人的全部善意。

小秒針，我的孩子，我寧願你一生中被小小地騙幾次，也不要你從來不受騙，也從來不對陌生人綻放笑臉。現代人不可能只生活在熟人世界裡，誰願意一離開熟人世界，就進入了冷酷的地獄呢？我希望你和我一樣，但願我們的善意，乃是堅強的、理性的、經得起考驗的。

至於如何控制被騙的規模，需要生活的智慧，只能看你自己的了。

與慾望為友

幾乎每個中國孩子都會遇到類似的場景。正津津有味地吃東西、投入地玩玩具，無聊的大人湊過來，張開嘴或伸出手，問：「給我吃點兒（玩會兒），好不好？」

總的來說，小秒針對人是慷慨的，每每就給了。給了，大人也不要，還摸摸他的頭，誇他「大方」、「不小氣」、「好孩子」。

當然，並不是每次都這樣，特別是食物只剩下最後一份、玩具是他特別心愛的，要他禮讓就變成一件萬難的事。他會搖頭，會逃跑，會拒絕，會把東西藏到身後，他還會說：「不給。小秒針要吃（或者玩）。」最開始，我並沒有很在意這一類的事情，畢竟孩子從一歲多起，就已經有朦朧的自我意識、私人財產和利益區分了，這不是壞事。我只是簡單地吩咐：「好東西要大家一起分享嘛，小秒針不小氣。」

我最初的專業是歷史，幾乎什麼都沒學會，這專業只在我生命中留下了一樣東西：對真和假本能的警覺和敏感。很快，我就發現了小秒針身上一些微妙的變化。要他給，他也給，他把最後一片山楂虛虛地舉過頭頂，虛虛地伸向那張大的嘴，一旦逗他的人滿意地笑起來，說：「小秒針真乖，阿姨（或者姐姐、叔叔、奶奶、爺爺……）不吃，小秒針吃。」他早就等著這一句，飛快的把手縮回來，東西早已塞進了自家嘴裡。

這顯然不是真誠的態度。

我告訴小秒針，你捨不得，很正常，而別人想吃，也要理解和照顧。所以，以後碰到這種情況，可以說，這個東西只剩最後一片了，而我也想吃，那我們掰開了，一人一半，一起吃，好不好？

一開始，小秒針並沒有聽取我的意見，我逗他「給我吃好不好」時，他還是會假模假式、欲拒還迎地送到我嘴邊。我馬上一「阿烏」，東西進嘴了。小秒針眼巴巴看著我的嘴蠕動，有震驚（我不按常規出牌），更多的是心疼和後悔。痛失我愛，要哭出來的樣子。幾次下來，他再不跟我來這花架子了，總是直接說：「那我給你分一半吧。」有時候還商量：「你少吃一點好不好？我分一多半。」、「你再給我買一包，好不好？」

但是，問題還是沒有解決。小秒針只對我一個人這麼做。碰到其他人，他還是那一套行為模式，假裝給。有時候，連我都分不清，他的禮讓是真心還是假意。

為什麼他要堅持偽飾自己？我的腦子轉了兩道彎才明白了其中的奧秘。大人們本來是逗孩子玩，卻在無形中成了一種「道德測試」。肯讓出東西來的，就是「大方」的「好孩子」，如果捨不得，就要面對大人的皺眉、搖頭和嗔怪，就是「小氣」和「不乖」。人們把孩子的行為跟一種道德品質的評判等同起來，而孩子對他人的評價是敏感的，他不想做壞孩子。所以，他必須做出無條件出讓自己利益的姿態，這就是「偽飾」。

他要做一個好孩子，所以知道自己「應該」偽飾，而且「必須」偽飾。

另一個問題是，他還知道自己「可以」偽飾，這是他放心作假的原因。小孩子很容易看到問題的本質，小秒針顯然已經知道，當大人找小孩子要東西吃時，他們要的並不是食物，而是一個慷慨的姿態。所以小秒針給出這個高姿態，由此照顧到了自己兩個方面的慾望，既保全了自己的食物，又獲得了道德讚譽。

那麼，如果大人是真的要分他們的東西吃呢？在小秒針的邏輯裡，這是不可能的，所以就發生了這樣的事情：

小秒針和鵬鵬在一起吃東西，一個年輕的阿姨蹲下來逗他倆，小秒針在第一時間做出禮讓的姿態，得到了表揚。鵬鵬卻很是捨不得，被阿姨糾纏著「別那麼小氣嘛，我就吃一點好不好？」鵬鵬還在藏著掖著，小秒針一語道破天機地教導說：「你給他吃吧，反正她也不會真的吃。」鵬鵬將信將疑地拿了個果凍準備遞過去，阿姨回應小秒針的話，說：「誰說我不是真的吃，我可喜歡吃果凍了！」鵬鵬的手馬上又縮了回去。小秒針大大咧咧地從鵬鵬手裡奪過果凍，遞到阿姨手裡，說：「好，那你吃吧。」我在旁邊看著，多麼希望那個漂亮姑娘能把果凍吃了呀，可姑娘只是笑道「不錯嘛」，接過果凍，摩挲一下，還給了鵬鵬。

顯而易見，鵬鵬一顆懸著的心至此終於放了下來。他和小秒針相視一笑，很是會然於心的樣子，小秒針則得意地小手一攤，意思是「看我說的沒錯吧」。我看在眼裡，心想，完了，從此刻之後，鵬鵬也學會虛情假意了。

小秒針竟然那麼肯定，別人表達出來的慾望（想分吃食物）是假的，根本不需要認真面對和處理的。所以，他思考的重點只是保全自己的利益、兼顧自己的榮譽，根本無視他人的慾望。

我決定再測試幾次。之後，再有朋友逗他，他做出「正確」反應後，我堅持讓朋友把東西真的吃了。（如果朋友實在不吃，我就吃掉，多半那些本來也是我喜歡吃的零食，哈！）事後，再跟小秒針說到這個阿姨，小秒針便毫不掩飾地流露出鄙視和憤懣，說，那個阿姨真不要臉，還吃小孩子的東西，她是個壞阿姨。

這話從孩子嘴裡出來，讓我感覺毛骨悚然。小秒針這麼小的年紀，就已經學會了用道德來評判他人的慾望！阿姨說想吃，他也給了，他卻認定這是假戲不該真作，否則就是壞阿姨。是大人評價系統裡的「壞孩子」，孵化出了小秒針嘴裡和觀念上的「壞阿姨」。按照他的邏輯，沒有慾望（不愛吃他東西）的阿姨才是好阿姨。

中國的道德教育非常偽善和可怕，這一點我早有警惕，但它竟然如此曲折，又如此深入骨髓地潤物細無聲，我對此仍然缺乏足夠的認識。

我趕緊問，那我呢，我不是每次都吃了你的東西嗎？那我是壞媽媽了？

小秒針道，你是一個貪吃的媽媽。

貪吃的媽媽是好還是不好？

不好。大人怎麼能夠貪吃呢？小秒針毫不猶豫地評價說。

大人也是人，小孩也是人，人都是要吃東西的呀。吃東西怎麼就是不好了？而且還是你自己給人家吃的。我要打破沙鍋問到底。

哎呀，大人吃飯就夠了，這是小孩子吃的東西。小秒針把我的問題當作胡攪蠻纏，抱著他的書跑走了。

我得出了三點結論：第一，小秒針認為大人不應該有吃零食的慾望。第二，如果有，就是道德敗壞。第三，他對我的貪吃和道德水準低下，已經很寬容了。

而整個事態，從小秒針的虛情假意，到他評價大人的「不要臉」和「壞」，裡頭有兩大問題：第一，他不能自然流露出自己捨不得分享的本質慾望。第二，他同樣要求別人透露出來的慾望是假的。

小秒針在與慾望為敵。與自己的慾望為敵，也與他人的慾望為敵。

中國傳統文化有幾大死穴，不能解決如何與陌生人相處的問題，是其一，不善於處理慾望，也是其一。

「慾望」，在漢語系裡絕對是個貶義詞。打開古書，到處都是一副副誓與慾望頑抗到底的戰鬥面孔。老孔說：「君子喻於義，小人喻於利」，老孟說：「養心莫善於寡欲」，老莊說：「嗜欲深者，其天機淺」，老老說得最多最囉嗦，什麼「見素抱樸，少思寡欲」，什麼「咎莫大於欲得」，什麼「聖人欲不欲」，節欲、絕欲、無欲、寡欲，這一類的表達太多了，簡直舉不勝舉，更不要說「存天理，滅人欲」了。市南子希望別人「刳形去皮，灑心去欲，而游於無人之野」，不知道誰做得到。多數人的共識是，欲是讓天下大亂的壞東西，所以要「不見可欲，使民心不亂」，唯有「不欲以靜，天地將自正」，「其民愚而樸，少私而寡欲」就是好國家。愚民政策就是這麼來的。我小時候知道很多「科學知識」，比如吃生花生會耳朵聾，月下吃瓜子眼睛會瞎，現在自然知道，當時不過家境貧寒、物質匱乏，老媽要想辦法保全不多的一點吃食。

中國人似乎很聰明的呀，老早就知道鯀老爹堵水不行，要禹天子那樣地引導疏散。可是我們對性、對慾望，還是硬堵了上千年，堤防越堵越高，自然本性成了黃河一樣的懸河，一朝決堤，天下汪洋。

不必動用腦細胞，腳趾甲也會知道的，人怎麼可能沒有慾望？說「無欲則剛」的人，「剛」就是他的慾望。佛教講「無欲」，不過是把「無欲」當作最大和唯一的慾望。事實上，慾望是人類社會運轉的全部動力、根本動力。而且，毫不誇張地說，慾望的力量是怎麼高估都不過分的。

有一段時間，我發現小秒針的氣質有些變化，不那麼陽光明亮了，有點賊頭鼠腦的。一究原因，明白了，他幹偷偷摸摸的事兒多了，偷著看電視、偷著吃東西、偷著玩……一旦被發現，心虛理虧又惱羞成怒，便先發制人地哭天搶地。我一度痛恨這一點，因為平生最看不起委瑣、陰暗和小家子氣的人。

我質問，想要什麼，為什麼不光明磊落正大的說出來？

小秒針很委屈：說了你也不答應。

他的正當要求不能通過正常管道得到滿足，除了「偷」，他還能怎麼辦？所以，冷靜下來，便知道，孩子的氣質，是我改變和扭曲的。

從這事，能看出慾望力量之強大，不可阻擋，也能看出我對孩子慾望的習慣性漠視。很多時候，我對小秒針的拒絕，是習慣性的，並不經過大腦，張口就來。也許在內心深處，我明白一個道理，拒絕才能顯現權威，權力是在拒絕中生效的。孩子提出要求，凡事都同意，就等於沒有了掌控和把握。所以要拒絕，讓他受挫，而凸現出我的存在、我的威嚴、我的決定、我的權力、我的意志力。好比官場的遊戲規則，喜歡無事生非、故意刁難，沒事也拖一拖，原因就在此。

從教育孩子的角度，拒絕是一劑微有毒性的藥。藥能治病，但多了一定致命。我對他慾望的漠視和習慣性拒絕，給他傳遞了一個訊息：這些慾望通過正當管道是不可能得到滿足的，而且是不好的，見不得人的。所以要偷，要掩飾，要作假。這等於逼孩子學著說謊、偷偷違禁，人格會變得陰暗猥瑣。

我的禁令太多，讓他的慾望長期處於半虧空半饑渴狀態，這種生命狀態，自然會改變他的氣質——緊巴巴、摳唆嗖、陰沉沉、氣慌慌。你看他吃薯條的樣子，因為難得吃一次，上去滿手抓一大把，死命往嘴裡塞、拼命咽，騰空了手再抓一大把，吃相難看不說，已經噎著了，他品不出薯條的味道來。偷著吃的情況更糟，風聲鶴唳地，更沒心思、沒能力回味美食了。

我希望孩子與慾望的關係是友好的，而非敵對。敵對只會催生主僕關係，做慾望的奴隸，固然很糟糕，讓慾望作自己的奴隸，非要存天理、滅人欲，讓自己難受，也大可不必，活著不是為了高尚，不是為了難受，是為了開心的。人與慾望的關係，跟人與人的關係是一樣的，對慾望的態度友好一點，可以彼此做朋友。

從那後，我很在意地調整自己，儘量不要讓「不」脫口而出。即使說「不」也打著「行」的幌子。

正當的慾望，盡可能地滿足他。也教育他，用正確的方式謀求所需。我不答應他的要求，他可以想辦法說服我，而不是偷偷摸摸。就像以前我規定，他做錯了事，只要承認了錯誤，就不再批評，給他正常的出路，他才不會走歪門邪道。

慾望被滿足了，孩子的生命狀態是鬆弛的、舒坦的、通暢的，他變得安適、平和、磊落、雍容。也更能理解和寬容他人的慾望。

是的，理解和寬容他人的慾望。

「與慾望為友，而不是為敵」的意思有兩層：既不與自己的慾望為敵，也不與他人的慾望為敵。認可他人的慾望，與認可自己的慾望，是同等重要的事情。與自己的慾望為敵，是假敵，天性趨利，卻不能放到桌面上，藏著掖著，人變得虛偽、猥瑣、不真誠；與他人的慾望為敵，則是真敵，他人成為自己的地獄，人變得兇狠、殘酷、自私。

每個孩子都接受過「孔融讓梨」的教育。我卻絕不相信一個五歲孩子的天性，是放著大梨、甜梨不吃，而喜歡吃小梨、酸梨、爛梨，既然這樣，為什麼要憋屈一個孩子的本性，讓他出讓自己的利益呢？

為什麼不讓他明白，想吃好梨是對的，人就應該吃好梨。但是，還要知道，別人也有慾望，哥哥、姐姐、弟弟、妹妹，他們都想吃好梨，他們的想法都是對的。所以，我們應該爭取讓每個人都有好梨吃，如果做不到，那就讓大家都為此努力，贏的人吃好梨。而當你每次都能吃到好梨的時候，別忘了有些人並不是因為不努力，只是因為他太小，沒有足夠的能力，結果每次都吃不到好梨。善待和尊重他人的慾望，讓給他一個好梨，讓他也有機會嘗到好梨的滋味。而你呢，當你已經不在乎好梨的滋味時，你會在意被人感謝、被人需要的美好滋味，會感受到給與的快樂。幫助他人滿足慾望，是一個人實現自我價值最重要的方式。

中國傳統貶低慾望，或許因為慾望主要是「物欲」，我們的傳統是輕視物質。「在物而心不染」才是高境界。或許我們古人的精神過於發達，就想跳出物質的羈絆和拘限。可這實在是不切實際的狂想，人脫離不了物質性的，這是必然，何不坦然面對？

不面對慾望，非要戴一個面紗出現，比如改叫夢想、理想、目標，才顯得高貴，才具有合法性，一說「理想」，就要求其「遠大」，平白地將慾望分出三六九等來。問題是，物質的慾望還沒滿足，別的慾望總是要靠後排的。

從道德的角度說，貶低慾望的傳統，初衷可能是要解決利益衝突。道德的本質是為人和人更好的相處。利益之爭會產生衝突和矛盾，解決的方式是大家寡欲或無欲，不那麼逐利。問題在於，慾望是本性，本性是絕不可滅的，靠道德修養，靠抑制慾望、抹煞慾望，解決不了問題。根本的方法，其一，利益不夠分，就創造更多的利益。「不患寡而患不均」基本上是胡言亂語，我想不出比「越窮越光榮」更標準和地道的愚蠢，最大的患當然還是寡。

其二，是學會分享，學會在自我的慾望和他人的慾望之間謀求平衡。分享之於人性，看似是「逆」的。人天生具趨利性，這乃是獨立人格的第一推動力。但人還是群居動物，群居就要求利益有分配，有利大家分。所以，分享也符合人的本性，滿足人的本質需求。只不過，是更深層的需要，短視人或許看不見，孩子更不容易明白。

二〇〇三年夏天，發生了「妹妹事件」。這一天，小秒針突然找我來了，說，媽媽，你給我生個妹妹吧。

紫禁城啞聲失笑，問，我們工作都忙死了，妹妹生下來，那誰帶呢？

我啊。

我們都很是驚喜，有愛心，能擔當，小子進步不小啊。那你要愛護妹妹，做不做得到？

做得到。

如果別人欺負妹妹，誰保護她？

我啊。

看來小秒針今天表現真的很好。

我不放心，因為最後還有個真正的本質問題沒問到，那如果有好吃的、好玩的，都要分一半給妹妹，好不好？

小秒針沉吟了片刻，說，那我不要了妹妹了。立馬就轉身、跑開、玩去了。剛才說的那半天，一瞬間就等於沒有。

瞧瞧，多情如小秒針，也如許薄情寡義。可見，別以為分享只是兩個字，其實很難。需要特別的思維訓練和認識深度。學會分享，就是學會共存，理解了共存，對世界和他人，才會有一個友好的態度，而不是敵對的、你死我活的。才更能理解愛，而不是恨。

世界是因為慾望得到滿足而美好的，人生是因為慾望滿足而幸福的。改造世界、創造財富以滿足慾望；人和人互相幫助滿足各自的慾望；滿足低級的慾望，還滿足高級的慾望；滿足當下的慾望，還滿足長遠的慾望；滿足自己的慾望，還滿足子孫後代的慾望……

——慾望不好聽，叫「夢想」吧，夢想成真。

信

小秒針在看中央台少兒頻道的「智慧樹」，突然手忙腳亂地做茶几上抓狂。我給了他要的紙和筆，但見他慌慌張張的，記下了螢幕下方的位址和郵編。

這是二〇〇四年十月三十日，小秒針整個晚上都在張羅著給主持人「紅果果」、「綠泡泡」和「小咕咚」寫信。他自己找來張破紙，完全不講格式地寫，碰到不會的字，我們就把字寫下來，他照著「畫」。

「你們好，我叫小秒針，我想參加你們的節目。」然後就沒什麼話說了。我啟發他，他還是搖頭，說，沒有什麼話想對他們說。於是兩句話的信就這樣寫完了，完全是便條或手機短信風格的。看看下面還空了一大片，難看，小秒針又剪了自己的一幅畫，貼上。

我給他一張沒有毀容的正常的紙，告訴他寫信的格式、折信紙的講究。再給他一個信封，告訴他如何寫郵編和地址。小秒針聽著，照辦，一絲不苟。我不免感慨，學習應該是這樣的，因為需要，有強烈的動機，所以積極主動、投入認真。我以前教他學點什麼，他可沒有這麼專注和急切過。

他寫好了信和信封，「北京智慧樹 小咕咚收」。轉眼大功告成，臉紅紅的，把信交給我，很認真說：「媽媽，明天你去學校的時候記得給我寄出去。——他們看了信一定會很高興的。」他把信交到我手裡，還在上面按了按。我突然很害怕，擔心世界讓他失望，擔心成人讓孩子受傷。小秒針又淘氣玩去了，我手裡拿著他沉甸甸的信，想起萬卡的信「鄉下爺爺收」，心裡充滿了傷感。

信當然是被我「私吞」了。第二天，我們出門，小秒針突然指著遠處一輛綠色的郵政車，說，我的信就在那裡面。我連忙胡亂點頭。

第三天，我們出門，又看到了一輛郵政車，小秒針很不滿意，說，這車怎麼還在這裡，它什麼時候才把我的信送走啊。

我忙安慰他，這車已經把小秒針的信送走了，現在又回來了。

小秒針說，那我們去看看，智慧樹肯定已經回信了。被我打岔過去了。

到了晚上，我主動說，紅果果剛才給我打電話了，向小秒針問好，她工作很忙，所以沒時間回信，就打電話了。小秒針聽了很高興，說，是吧，我就說了，他們收到我的信，一定很高興的。

我只想，這是小秒針第一次積極主動地要與外界世界建立某種友好的聯繫，我要保護好這一份交往和溝通的心。

過了半年，小秒針對「智慧樹」欄目已經不那麼熱衷了，但時不時地還是看。二〇〇五年三月二十六日，我在中央台的網上無意間看到了報名參加智慧樹節目的報名表，就帶著小秒針一起填寫，小秒針認識了email位址，提出再給節目組寫封信。主題是「我這輩子第一封電子郵件」。小秒針站在旁邊，張口就來：「我很喜歡你們的節目，每天都按時收看，希望你們的節目越辦越好。」讓我很是莫名驚詫。大概電視上類似的教育太多了吧，連寫信都一個模式了，孩子的真心話還沒來得及長出來，就這樣學會了「套話」。

紅果果，綠泡泡，小咕咚：

你們好。

我很喜歡你們的節目，每天都準時看，希望你們的節目辦得越來越好。還有，媽媽每天只讓我看半個小時的電視，我想了半天，還是不看動畫片了，看智慧樹比較好。

我很想參加你們的「寶貝二加一」活動，我已經在網上報了名了，是媽媽抓著我的手，我自己填的報名表。這封信也是我自己寫的，寫了很久的。我很能幹。

後來我又單獨發了一封信：

紅果果，你好。

我剛才幫助我的孩子小秒針給你們寫了信，現在再單獨給你寫，是為了告訴你一些「趣事」。小秒針實在是迷上你了，任何時候問他：世界上最漂亮的女人是誰？回答永遠是紅果果。而以前，他的答案是很多的，大多數時候是我，少數時候是他們班上的女孩子。可現在，答案已經固定了。他按照你的裝扮要求我，比如我是短髮，他嫌不好看，說要紮兩把比較好。呵呵。

我們也杜撰了你的很多價值觀，比如：紅果果不喜歡睡覺說話的孩子，紅果果喜歡自己穿衣服的孩子，等等。呵呵，很管用，所以真的應該謝謝你。

大概半年前，小秒針曾給你們寫過一封信，還把畫的畫寄給你們，可是他的字實在是太巨大且有創意了，郵遞員沒法認識，所以我沒有寄出，自己為他保留了他平生第一封信，可他很在意，在那之後的一個多星期裡，每次看到郵政車都說，這裡面有沒有我給紅果果的信？讓我很感動。

小秒針是個非常可愛而帥氣的孩子，馬上五歲了。我像他愛你們一樣的愛他。本來我不怎麼給公共信箱寫信，可是小秒針實在是太迷戀你們了，我不想打擊他。所以有了這封信，希望讓他滿足，也讓你們快樂。

如果你們有與小朋友見面之類的活動，我一定會帶他參加的。

再次謝謝你和你的節目組給孩子帶來的快樂和美好的童年回憶。謝謝你們富有意義的工作，謝謝！

寫這種沒有對象的信，對我來說只是盡到了自己的義務，讓我欣慰的是，一個多月後，居然收到了回信。

對不起，我今天才看到你的來信，這是我這輩子看到的最讓我感動的一封信。謝謝你喜歡我們的智慧樹！我們會繼續努力！每天只看半小時電視，對你的眼睛有好處，也可以讓你參與更多其他有意義的活動，例如鍛煉身體，畫畫等。當然，我真的感謝你把這寶貴的半小時給了智慧樹！祝你成長愉快！

可是，很不幸，那時候小秒針對智慧樹已經完全失去了興趣，他甚至連回信都懶得認真讀。孩子的變臉，其實比川劇還快。但我仍然感謝那個能回信的電視工作者，尤其是考慮到他們的工作性質和生命狀態。

小秒針平生第一次寫信，並自己郵寄出去，是二〇〇五年四月六日。兩天後，我收到了兒子的信。信和信封都是紫禁城抓著小秒針的手寫的，裡面還夾著他的一幅畫。我隨即回信，寄到「中南大學幼稚園中三班」，信真的郵到了，由幼稚園老師轉交的，這是小秒針平生第一次收到信，雖然完全看不懂。當晚他給我打電話，很高興。現在，他有了一種全新的聯繫世界和他人的方式。

再後來，小秒針就能比較熟練地運用這樣一種間接的人際交往方式了。二〇〇六年我們去合肥過年，下了飛機，先到一個朋友家歇歇腳，然後啟程回紫禁城老家。朋友家有對雙胞胎大小寶，小秒針和他們玩得投機，第二天分別時便很是不舍，甚至決定自己留在大寶小寶家過年，不去奶奶家了。我們撫慰他說，過不了幾天，過完年就回來了，還在大寶小寶家住一兩天。小秒針問清楚了再來的時間，才揮淚上車。

一月三十一日，到了我們胡亂指定的小秒針和大小寶再見的時間，小秒針卻很在意這約會，他基本獨立地寫了封比較完整的信：「大寶小寶，我是小秒針，對不起我要過一個星期才過來。實在有點抱歉。」其中「在」寫成了「左」，「點」的短橫寫到了左邊，「抱」和「歉」兩字是問的我。

這一次，我再也不相信社會上的郵政車了，我把信疊好，用魔法直接送到了大寶和小寶的手裡。

政出多門

大部分時間，我們家三世同堂。往好裡說，是吉慶有餘喜洋洋、兒孫繞膝樂融融，整個一福華堂。但家庭成員多、關係複雜，會導致一個嚴重的問題：「政出多門」。

我教育孩子是粗放豪邁型的「放養」，等閒事情都是睜隻眼閉隻眼就過去了。而紫禁城天生是心細如發的新好男人，用朋友的話說，是三十七度男人（人體最適宜的溫度）。但作為三十七度爸爸就有問題，他「家養」孩子，那叫一個無微不至。小秒針光腳在地板上踩，他能追著不厭其煩地說上百次，直到穿上鞋為止。光腳是多大的事？或許會著涼，或許會踩髒地板，或許會踩髒了腳再上床，無非這麼幾種危害，還都只是「可能」，為了防此微杜彼漸，費那麼老鼻子勁，合算嗎？尤其是一個不肯穿、一個非要穿，導致嚴重衝突，一個追、一個逃，一個吼、一個叫，一個勢在必得、一個誓死不從，一個恨從心頭起、一個怒從膽邊生，一個打、一個被打，一個罵、一個哭，然後又會牽引家裡其他人進來，有的協助叛逃，有的協助捉拿，很快產生派系鬥爭和更大規模的熱戰。到最後，孩子的鞋倒是穿上了，卻是天翻地覆，人仰馬翻，全家人沒一個痛快的。與其這樣，還不如直接讓小秒針踩髒地板再踩髒被子呢。

這一類的事很多，所以我們的衝突也多，糾正握筆姿勢、趴在地上看書、使用左右手、看電視、踩上沙發靠背、在衛生間玩水漫金山……通常是我主張「隨便」，他堅持要「教化」或制止。

相反，我堅持教化的：咀嚼不出聲、不在菜碗裡翻撿、不強行插話、打斷別人說話要先說對不起……紫禁城自己就第一個做不到。我在老公面前是專橫霸道慣了的，當著孩子的面，「惡婆娘」的嘴臉也偶爾暴露，教育意見不統一時，總恨不得當面駁了紫禁城。也知道這是大忌，但為了自己的面子，每每還是由著性子、明知故犯。

SC領導同志教育孫子，也是「精耕細作法」，卻與紫禁城的「精作細耕法」不相容。人家的丈母娘看女婿，是越看越喜歡，我們家那兩位，一段時間裡，彼此可怎麼都對不上眼兒，教育孩子的問題上尤其多摩擦。我給紫禁城規定了，我媽出動了，他就無條件歇菜，怎麼說也要維護領導權威嘛。可是我媽「事不在朝」，紫禁城也「隱不在山」，兩人意見總相左。我媽嫌屋子捂了一夜，早起必開點窗放放味，紫禁城至少也要閉半扇，說是晨風太涼。到了中午，老媽見日頭已高，要關門閉戶以避暑，紫禁城又開了窗，說赤日炎炎正需風。

羅囉嗦嗦，反反復複，無非這些雞毛和蒜皮。誰對誰不滿都往我這兒來說，我都懶得理會，也當真沒法評理。我這人有一毛病，腦子的窟窿眼太大，瑣屑的事一過腦子，就全漏了。當然，我還有個不變應萬變的法子：老公如衣裳，父母是手足，天下能做老公的人海了去了，能當你爹媽的，普天之下獨此一對，別無分店。當然，如此不分青紅皂白的斷案法，是從來沒有好結果的，基本上只是激化矛盾。

要是拉了我家老夫子來吧，更慘。與我的一概強行鎮壓不同，老夫子是一概地和稀泥。情況永遠是這樣，如果他碰巧同意其中一方的觀點，那情勢上他就非得照顧另一方不可。袒護老妻壓女婿？那有欺負外來戶之嫌，支持東床抑糟糠？那糟糠也不會放過他呀。他就只能和啊和啊和稀泥，從來沒有一次和好了的，還自己粘了一身泥。

我家老夫子與我在教育孩子的觀點上倒是接近，尚能彼此聲援、支持、合作，可我們父女一旦聯手，那對冤家倒結成同盟了。也是，不同仇敵愾不行啊，要是讓我們父女聯盟得了勢，那孩子大雨天也扔外頭淋了，上下學也不要接送了，出門玩也不安排保鏢監護了，在外受欺負了也不幫著伸張正義了，真真是可忍，孰不可忍？

但老夫子是舊社會過來的人，凡事講求章法，很看不慣我的生活習慣和無厘頭做派：不吃正餐、不守婦道、脾氣火暴、想著一出是一出，東西隨拿隨扔不收拾……老是忍不住要說我。說來說去，聲聲都聽在小秒針耳裡，令他很是幸災樂禍、大快人心。

老夫子把我說毛了，我是嬌嬌女啊，立馬就能搬出老媽來修理他。當然也有失策的時候，老夫子偶爾發威起來，就誰也擺不平了，這時就只有等紫禁城出來冒充好人，多面安撫斡旋了……

四個點之間，能形成六條線，就是六種人際關係。再加上孩子一個點，其複雜程度令人眼花繚亂，家裡都要翻天了。互相牽制的結果，是家裡沒有權威，兒子無所適從，又耳濡目染、無師自通地學會了鑽空子，利用一方對付收拾另一方，借力打力、以毒攻毒，借助矛盾縫隙謀取利益空間。嚴重的時候，連挑撥離間、打小報告之類的陰險毛病，也都出來了。這幾乎是必然的事情，一個奴隸如果有了三個主人，就成了自由人。而小秒針上面有四個發號司令的人，這中間的空隙有多大？他還能不無法無天嗎？

終於，我忍無可忍地發起召開了家庭大會，先開常務委員會，四人出席，明確了長幼尊卑、許可權規則。比如，一個人說話，無論多荒唐，其他人全部閉嘴，如果荒唐得實在太嚴重，可以尋機打岔過去，事後背著小秒針再提不同意見。又比如，要有主次正副，正家長要善於納諫，副家長要配合，維護領導權威。老夫妻之間，以母系為教育核心；小夫妻之間，還是以母系為教育核心；老少兩對夫妻之間，又以小夫妻為主，畢竟孩子是我們的直接下屬，秉承歐洲封建制「我的附庸的附庸不是我的附庸」的原則，老夫妻兩個不是小秒針的lord，小人兒是我們的vassal。

決議到此，我突然發現自己好像是在發動政變，或者杯酒釋兵權。果然，老夫子就特別警告SC皇太后，不能越級干政。而我作為安慰，也強調了SC對我們倆的直接控制權。被奪權和分權的皇太后悻悻不已，唾棄道，誰愛管你們兩個？

權責分立，真是很重要啊。轉眼間，大家的責權利都分清楚了，基本的行為規範也制定出來了。

常委會達成的協議，酌情在家庭全體成員會議上宣佈。現在，小秒針知道自己最直接的頂頭上司、第一領導，就是本奶奶我了，雖然有言在先，他仍然有他「神聖不可侵犯的權利」

（比如作完作業可以出去玩或看電視），我也有我絕對的義務（比如不侵犯他的隱私，但所謂「隱私」的具體內容待定）。但畢竟，小子還是名正言順地落入了我的魔爪，估計他要為此惆悵很久了。

老夫子的放養和不放

和多數家庭一樣，小秒針放在我父母家帶養的時候，SC老媽才是主力，老夫子只是充當打下手的角色。但他對小秒針「漫不經心」的養育中，留下了好些東西，是孩子一生的影響。

小秒針一歲多，剛剛能走路，老夫子每天黃昏到校園的操場散步，也順帶遛「小秒針狗」。一天我從外面回來，在看臺高處，正看到祖孫倆邊走邊聊天，時而一前一後，時而一左一右。老夫子走著走著，突然聽到後頭一聲響，回頭一看，小秒針摔倒了，正趴在地上，翹起頭來看著外公。眼睛下面藏著哭和淚，蓄勢待發，但一時還沒打定主意是否釋放出來。老夫子只看了這麼一眼，完全沒事人一樣，扭過頭去，雙手背在身後，繼續慢悠悠往前走。走了幾米再回頭，小秒針已經跟在身後了，兩條小腿兒奮力地吧嗒吧嗒。

為這事，老夫子很得意，我也很欣賞，回家後便搶著向全家宣傳，被SC老媽一通大罵。「寶寶才多大?!」云云。但從那之後，在我家，小秒針摔跤就不再是件事兒。我的記憶中就沒有小秒針摔倒後被別人抱起來的情景。摔倒了，一咕嚕爬起來，趕緊追上去。這些都不用教的。

老夫子帶孩子，屬於「玩兒」，小秒針幾個月大時，老夫子就喜歡倒提著他的腿晃悠晃悠，或者扯著一隻手一條腿晃蕩晃蕩，看在別人眼裡，驚心動魄，有虐童的嫌疑。

既然是「玩兒」，就不太當回事兒，不會因此耽誤「正事」，不會改變正常的節奏。再大點帶出去辦事，小秒針腿短本來就慢，還時不時要沾花惹草抓螞蟻，常常就落在老後頭，急了只管叫：「等一等」、「等等我」。老夫子繼續晃悠晃悠，回頭告誡說：「只有你追上我的，沒有我等著你的。」慢慢養成了習慣。孩子絕對是看碟下菜的主兒，比如說，要出門了，大家喊：「小秒針，收拾東西，我們出去。」看著吧，充耳不聞，所有人都收拾好了，他一準還在玩他的，開心著呢，你不得不放下肩頭的包，一邊抱怨一邊給他收拾齊整了，再拖出去才行，說不準他還烏啊烏啊的表示不滿和抗議。可是老夫子或者我帶孩子，說一聲「收拾」，小秒針多半趕緊丟了玩具去換衣服，因為他知道，老夫子和我兩個人，是真的會甩他的，他趕不上我們的節奏，丟了就真丟了。有時候，我收拾好了撞上門就走，到了電梯口，小秒針一隻胳膊拖著外套，一隻手拎了鞋，脖子上吊著打開的包，丁零噹啷、屁滾尿流地，赤腳就追過來了。兩三次之後，事情就順暢了。「只有自己追，沒有別人等」，這是老夫子開的好頭。以後到學習上，還是這樣的邏輯和理念。別指望別人考砸，只巴望自己學得更好。

小秒針明明已經會游泳，可就是沒有安全感，離了泳圈、腳不踏實地，他就慌。「非不能也，是不為也。」老夫子帶去游泳，乾脆俐落，一腳踹下泳池就完事。回頭還諄諄教導說，在水裡實在不行了，寧可喝水，不要嗆水。喝飽了水，撈上來扛著跑跑，吐了水還能救，嗆的水進了肺，就難救了。

踹不遠，小秒針一轉身又游回岸邊了。老夫子就估算著小秒鐘的能力，把他抱到泳池中間，踩不到底的地方，一撒手，自己刺溜到池邊去了，好整以暇地靠著池壁，慢悠悠地招喚孫兒：「遊過來呀，過來呀」。小秒針就過來了。

一次比一次丟得遠，幾輪下來，小秒針就自己能在深水區遊來回了。也曾留下掌故，小秒針被丟在池中間，茫茫四周皆水，慌得嗆了幾口，大叫「救命！救命！！」驚動了整個泳池，換來一片驚愕、懷疑或會心的笑。轉眼間，有兩個家長過來，要把自家的孩子交給老夫子教游泳。

老夫子的教育，一言以蔽之，是「放養」，還是粗放型的。所以馬虎，所以漫不經心，所以不操心。不操心，就放鬆，心情會好。而教育者的心情好，是教育好的第一步，最關鍵的一步。

在這方面，我是比較得老夫子真傳的。包括孩子生病，就觀察著，能沒事儘量沒事，能不吃藥儘量不吃。有時候甚至失之於疏漏和馬虎。我總覺得有些病該犯犯，才能增強自身免疫能力。（同理，以後，他人生的有些錯路彎路也是應該走的。）

倒是小秒針對自己的身體和健康狀況，極其關愛細心。於是家裡就經常出現這樣的場景：

小秒針慢慢蹭到我身邊，自憐地訴苦：「媽媽，我有點不舒服。」

我瞪大了眼睛，很緊張地問：「啊，真的?!腸子出來了嗎？」

「沒有。」

我更緊張了：「胳膊斷了還是腿斷了嗎，能見到骨頭嗎？」

「也沒有。」

「難道是頭蓋骨開裂了？」

「沒有。」

我拍拍胸口，長出一口氣，放下心來：「那就沒什麼大不了的。一邊玩去吧，該幹嘛幹嘛。」

小秒針很委屈。只能轉身找比較「好說話」的紫禁城爸爸：「求求你，帶我去看醫生吧。」

這情形在父母家也是一樣的常演習，把我換成老夫子，紫禁城換成SC就ok了。

放養歸放養，老夫子有他嚴肅認真決不放鬆的地方。我總覺得，老夫子給小秒針的兩件東西最重要，一是跌倒了自己起來、落後了自己追，再就是讀書情結。

老夫子本人有極濃烈的讀書情結，基本上只認「讀書人」這一種人。老夫子理解的讀書人，是純粹的讀書人，不是「天下之學者莫不欲仕，仕者莫不欲貴」、「二月杏花八月桂動人；有誰催我，三更燈火五更雞催我」之類的功利之輩。[5]他曾鄙夷說，中國自古很多人讀書，但沒幾個讀書人。這些人讀書，都是衝著黃金屋、顏如玉、粟千鐘去的，不足掛齒。確實，在中國，「名利」和「道德」是遠比「真理」或「智慧」更動人更撩人更核心的詞彙，中

[5] 清代彭元瑞有聯曰：何物動人，二月杏花八月桂；有誰催我，三更燈火五更雞。因南宋的省試、元朝之後的會試，都在二月舉行。唐宋的解試、明清的鄉試，則在八月。赤裸裸地表明勤讀書不過為科舉，今天學生讀書還一樣，為高考。我常懷疑中國歷經幾千年發展到今天，到底有什麼實質性的進步。

國喊了幾千年的「耕讀傳家」，其實沒幾個純粹讀書人，也沒有誕生「為知識而知識」、「為學術而學術」、「為真理而真理」、「追求真理並為之獻身」之類的偉大理念。「數百年舊家無非積德，第一件好事還是讀書」，老夫子的這種情結，不用教，也會滲入小秒針的骨頭縫裡去。二〇〇五年八月二十六日，岳南路小學招生的最後一天，小秒針報上了名，從此成為一年級小學生，他人生的另一個時代開始了。

報名是老夫子帶去的，辦完手續，老夫子帶著孩子熟悉校園，主要是作心理鋪墊。牆上掛著科學家們的頭像，老夫子一個個教給他，又講自己學生的故事，小秒針聽得入神。再就是交待幾條「鐵律」，比如，每天晚上睡覺前要把第二天的書包清理好，又比如，任何情況下，先寫完作業，再玩。

報名之後，接著是個週末。小秒針去溜冰，玩得有點瘋，一身汗透了又幹了，我們也有些疏忽。到了晚上，睡覺太沉，尿了床，他沒醒，我們也沒醒，小秒針把尿濕的地方又睡幹了。到了周日的中午，他便有點發燒。當天下午還有入學教育，小秒針自己堅持要去，我便帶著他去了，領了書提前回來。到家就不行了，一直燒，很厲害，持續超過四十度，在校醫院打了針，還是反反復複，整個晚上都冷冷熱熱的，時好時壞。一家人都沒睡囫圇。

八月二十九日早上起來，小秒針的燒退了些，但還沒完全恢復正常，加之一天沒吃東西，身體很虛脫的樣子，走路都軟軟飄飄的。還去不去上學，連我都猶豫了，全家只有老夫子一人強硬堅持：只要能走，就去。哪怕去教室坐坐，不行了再回來。

意見有分歧，最後大家決定讓小秒針自己拿主意。小秒針居然跟老夫子一樣，沒有任何遲疑地堅持要去上學。我們給他準備了必要的東西，很忐忑地送進校門。我安慰自己，就算磨礪他的毅力和意志力吧。

老夫子其實一直不放心，上午藉口散步，一個人偷偷跑去小學，溜到小秒針教室窗外窺視。回來後很高興，告訴我們，小秒針表現極好，上課很專注。老夫子又親切會見了老師，老師也大誇小秒針。老夫子極欣慰，連連說，還是讀書種子啊，讀書種子。

這時老夫子才說心裡話，也算是向餘怒未消的ＳＣ大人解釋：今天是小秒針平生第一天上學，很關鍵，他就是希望孩子從一開始就堅定一個態度：讀書是極大的一件事，除非發生極嚴重的事，否則，上學永遠是要最先考慮、最先保證的，讀書永遠要排在第一位，什麼困難和挫折都不能干擾讀書。

老夫子自稱是「沒有自我」的人，為人非常面也非常漿糊，極難得有如此決絕的態度和語氣。我摸摸他斑白的頭髮，表示理解、表示支持，也表示感動和敬意。

老夫子的這個道理，我想，小秒針已經知道了。

破冰第一人和信仰問題

小孩子在一起玩，難免發生口角。小秒針與朋友玩得起衝突時，我一般不聞不問，由著他們自己解決矛盾。即使打起來了，只要不厲害，不發生流血事件，就聽之任之。我總覺得，小孩子不打架是有問題的。打架可以強健體魄，鍛煉身體的靈活性和手腳配合能力，增進以後多鍛煉身體的決心和動力。而且，只有打架打到兩敗俱傷，才知道打架不是好的解決問題的方式。小時候把該打的架打完了，長大以後才會理性，不隨便訴諸武力。

吵架也好，打架也好，後果一般都是發展成冷戰、僵局，嚴重的就斷交。這一類的把戲，我小時候也是常演的，動不動就斷絕外交關係，還要求歸還過去送的禮物，如同兩國斷交要撤回大使一樣。

雙邊關係冰凍嚴重的時候，我還是會干預的。問清楚情況，分清責任，誰的錯多，就批評誰多一點。但對於小秒針，即使他一點錯沒有，也總有一點是要批評的：沒有用正確的方式解決問題。

然後就鼓勵他做「破冰第一人」。我告訴他，將僵局進行到底的人，不僅沒氣量，而且很愚蠢。走出破冰第一步的人才是大度的人、高貴的人、讓人生敬的人。

小秒針沒什麼氣性，只要兩句好話，心情就一片陽光燦爛，所以，即使主要的錯不在他，他也常能勇敢地首先道歉。這一點讓我很欣賞。他一主動道歉，對方也就說對不起了，兩人就此和好，皆大歡喜。

但是我發現，很奇怪，小秒針並不是每一次都能做「破冰第一人」。有時候，他會非常強硬地堅持不道歉。而且，他的強硬態度並不與事態的嚴重程度和據理多少成正比。有時候，他沒錯，讓他道歉，也很容易，有時候，他明明錯了，卻不肯道歉。其中的規律，我不得其門而入。

這一天，又出狀況。錯在小秒針，他就是不服軟。那個得了理的小朋友連同家長，都在一旁冷冷地看我的表現和作為。我萬般努力地拋開自己的面子，按捺著性子，跟小秒針說道理，第一，有錯就要承認、要改，第二，人要大度。

只好再講一次六尺巷的故事。宰相張英的家人跟鄰居都要蓋房子，爭地爭得不可開交。張英有氣量，寫信回家：

千里修書只為牆，讓他三尺又何妨。

萬里長城今猶在，不見當年秦始皇。

家人便把自己家的牆往後挪了三尺，鄰居一看，不好意思了，也往後挪了三尺，留出一條互相謙讓的「六尺巷」來。

小秒針直哼哼，翻著白眼球對我：「你往後挪三尺，別人要是又往前進三尺呢？你不是白讓了嗎？問題還是沒解決。」還配合以動作：雙手一攤，白眼一翻。

一時間，我腦子裡鑼鼓轟鳴，醍醐灌頂。

小秒針的強硬態度，原來是與對方的通情達理程度成比例的。某些小朋友，你道歉，他就接受，他也會道歉，下次還會跟你搶著做「破冰第一人」。某些小朋友，你道歉，他更得勢，得理不得理，都不饒人。對後者，小秒針很清楚其中的邏輯：不是他的錯，他先道歉，倒成了他的錯，這個黑鍋，他不背；是他的錯，道歉了對方也不體諒，他白白丟了面子，這樣的傻事，他不幹。所以，不管怎麼著，他就是不道歉。

小秒針的問題是對的，你先讓三尺，等於放棄了主動權，現在問題能否解決，控制權在對方手裡，他可以不退，還可以再進三尺。我教育小秒針主動破冰，等於將他置於某種「危險」——至少是很有風險——的境地，而結果是要他自己來承擔的。率先表示友好，如果熱心貼上了一張冷臉，豈不受傷？平白損失了自己的利益，還是不能解決問題，豈不犯傻？

我深吸一口氣，無言以對。

回到家，我給小秒針講了個童話：一座花園裡撒滿了花籽兒。花長出來之後，有兩種選擇，一是開出花來，這樣花園會很美麗，但花瓣很嬌嫩，很容易被劃傷。另一種選擇，是長出刺來，刺不會被別人傷害，還可以刺傷別的花瓣，但是每多一根刺，花園的溫度就降低一度，如果溫度太低，花園裡所有的花和刺都會死。

我問小秒針：「你開花還是長刺？」

小秒針左算右算，權衡不清利弊。我握住他雙手，中斷他的權衡算術。我要告訴他的是，世上的事，有的要靠「能力」做到，比如運動會跑步第一名、學習成績總是很好；這些事，不是每個人都能做到，努力了，盡心了，就問心無愧。

有的事，要靠「意願」做到，比如過馬路遵守紅綠燈指示，在公共場合不留下任何垃圾。這樣的事，每個人都能做到，就看你做不做，有修養的人，會做到。

還有一些事情，是要靠「信仰」才能做到的。人活著，要做正確的事，即使它會損害你的現實利益。現實利益不是唯一的評判標準，也不是重要的標準，人要做自己覺得應該做的事情。如果你認為花園裡的花比刺好，你就做花。不管別人做什麼。你開出花來，花園就多一朵花，你長出刺來，花園的溫度就低一度。這就是你能為整個花園做的事。別看你小，你並不是微不足道的，你一個人或許不能決定整個生態環境，但你肯定能影響生態、改變生態，你可以決定花園裡是多一朵花少一根刺，還是少一朵花多一根刺。你可以為生態環境盡到你的一份力，一份責任。而且，你必須選擇，要麼是為美麗和改善出一份力，要麼就是為降溫和惡化出一份力。沒有中間道路。那麼，為了整個花園，為了你內心的信仰，你能犧牲一點現實的利益，冒一份被刺傷的危險嗎？你能的，因為你高貴，因為你超越，因為你知道人應該怎麼活著。

還有，花園裡總會有刺。你可知道，該如何面對那些刺呢？你痛恨刺，為此，你可以變成比一般的刺更厲害的刺，把這些小刺統統折斷。但你的出現，會讓花園裡的溫度降兩度。這叫做以惡抗惡，它只能讓惡越來越大，刺越來越粗壯。但這是背離我們的初宗的，因為我們真正想要的，是沒有刺的花園。所以，要換一個思路想問題：要相信自己，不要小看了自己的感染力，你不只是被刺對待、被刺傷，你也在對待刺，用你的花瓣對著刺，展示著刺沒有的美麗。刺可能會感化、會嚮往、會羞愧、會自卑、會轉化。而且，別的那些還沒有決定做花還是做刺的植物，會在你的感染下做出好的選擇。所以，堅定地做你自己，你越堅定，越能影響他人，改變他人。

你要做的就是：因為你的存在，花園更美麗，而不是更寒冷，這是你對花園的交代；做你認為該做的事情，這是你對自己的交代。

別的，不必考慮。

就像《荀子》說的：「天不為人之惡寒也輟冬，地不為人之惡遼遠也輟廣，君子不為小人之匈匈也輟行。天有常道矣，地有常數矣，君子有常體矣。君子道其常而小人計其功。《詩》曰：『何恤人之言兮！』此之謂也。」

小秒針看著我，似懂非懂地點頭。我把小秒針攬在懷裡，萬分憐惜。是我把他這麼嬌嫩的花兒，放進了有刺的花園裡，置於又苦寒又遼遠的天地之間。但是，天地自有常，花園裡總會有刺，刺總會遵循叢林生存原則。所以，除非植物不生在花園，否則就要面對刺和選擇。但願我的小秒針能做堅強和堅定的花。但願花園會越來越美麗，而不是越來越冰冷。

孩子，希望你長大後會明白今天的童話，希望你作正確的自己，讓自己快樂和滿意。

都市探險之旅

二〇〇七年二月二十一日星期四，大年初四，一場不期而至的都市探險之旅。

半大的孩子，不是家貓是野貓，只要放出門去，回頭不親自下樓追捕，他一般不會主動投案歸家的。今天卻例外，不到一小時，小秒針回來了。一進門就很興奮地從衣兜裡往外挖東西。我對他的這個動作多少有點過敏，早早就擺出個拒在千里之外的造型來。從兩、三歲起，小秒針開始帶各種東西回家：小石子、冰棒棍、塑膠片、葉子、樹枝、樹籽、花籽、鐵絲、果子、雞毛、骨頭……，只有你想不到的——原來咱們院裡還有這玩意兒。對此，紫禁城是堅決制止，我也傾向於反對。

小秒針對我的視若無睹，手裡高舉的，是一枚遊戲幣，一面凸著「一元」，一面凸著「友誼商城」、「遊戲城」。他一直摩挲這那遊戲幣，自言自語地浩歎，我好想去玩遊戲啊。——媽媽，你答應過過年帶我去玩遊戲的！

在同齡人中，小秒針接觸電子遊戲算晚的。但自從與另一個家庭聯合帶了孩子「觸電」後，小秒針對電子遊戲廳就充滿了嚮往，而我對此是打擊的，冠冕堂皇地說，是不利於孩子教育，我大學畢業後還曾迷電遊不可自拔，深知其漩渦的力量。自私地說，我也痛恨在遊戲廳門口無所事事地枯坐半日，等到花兒都謝了。

但小秒針一旦提起，便不屈不饒，我正要準備以暴力鎮壓，突然靈機一動。友誼商城位於有名的商業區，而我們從沒有帶小秒針去過。我問，真的想去嗎？那好，我今天就滿足你的心願呀。

小秒針一蹦三尺高，瘋狂地熱愛他媽。我按住他，不過，是有條件的。

小傢伙面有疑慮和難色。他對我的狡詐和險惡，已經深有體會。我趕緊懷柔，這個條件也不是為難你，也不是我有什麼好處。簡單的說，除了你撿的這枚幣，我還能再給你十塊錢，條件夠優厚吧。但是你得自己去，自己玩。因為是你想去玩遊戲的，又不是我想，所以我不管。

如果反正要花去整整一個下午讓孩子玩電游，那麼，與其帶著孩子直奔目的地，再坐等三小時看他玩，不如讓他自己花一兩小時摸索到地方，再稍微玩一玩。

那不行！小秒針大叫起來，我連遊戲城在那裡都不知道，也不知道怎麼去。

有什麼不可以的？我循循善誘，算我幫你一下啊，誰讓我是你媽媽呢？首先呢，你要想辦法到友誼商城去，才能玩遊戲。去呢，有幾種辦法，一是打車去，最簡單了，都不要知道在哪裡，上車跟司機一說就行了。問題是我估計你十塊錢打車都不夠，到了遊戲城，不但不能玩遊戲了，回家的錢都沒了。另外，你還可以選擇走著去、坐公交去。

坐公交。公交快些，還不花錢。小秒針搶先說。

嗯，很好。不過坐公交的前提是，你得知道目的地在哪裡，往哪個方向走，再搞清楚往坐哪路車、坐幾站才到。家裡有地圖，你能查，你也可以問別人在哪裡，怎麼去。

小秒針有點打退堂鼓的意思，但我知道，誘惑也是足夠大的，我以逸待勞得等他自己內心掙扎好了。

果然，過了一會兒，我發現他一個人在書房裡偷偷地查地圖，查了半天，估計是不得要領，他跑來找我，要求我開電腦，我大喜，這傢伙還能想到利用網路，相當不錯嘛。

可惜的是，那天網路出了故障，半天上不去，上去了也慢得驚人，速度如同退化了的蝸牛。這樣耽誤的很長時間，我建議小秒針換一種方式獲取訊息。

他轉而去問我家領導，領導完全心無芥蒂，詳細地告訴了他，從校門口坐某路到某地倒某路到某站，就ｏｋ了。

祖孫倆再多說了幾句，領導才知道我們的機會和意圖，當時就跳了起來：那怎麼可以?!孩子還不到七歲，讓他一個人穿越大半個城市，你瘋了?!

我逗大領導，有什麼關係？你沒看那些孤兒，四、五歲就趴火車走過大半個中國了，生存能力強著呢……

領導是我老媽呀，老媽是有特權的，能直接用巴掌打斷我的話。

某日某地某小孩被拐賣，被拐賣的賣器官、人販子、打殘了強迫丐討、賣藝……領導一口氣舉出一大堆例子，有名有姓或沒鼻子沒眼的。小秒針本來就膽小、氣魄不大，聽了「恐嚇」，當時就眼神發怯，表示不去了。

其實，我哪裡敢真的這麼放手！我曾想著和小秒針分坐兩趟車，彼此用手機聯繫，就這計畫，老實說也就想想、說說，不會真的實施。在都市的人海裡，孩子只要不在視野內，心就會慌慌沒著落，這種感覺絕對一級恐怖。人多可怕，孩子落在人的手裡，什麼事都可能發生！

我只是要假裝大撒把，讓小秒針在心理上無依無靠無持無助，自己謀求解決任何問題。也假裝完全徹底和充分的信任，助他自信，給他壯膽。

所以，「糾纏」和「談判」到最後，我「被迫」表示「妥協」，答應跟小秒針玩「隱形人」遊戲。我跟在他身邊，他可以看見，但是假裝我是穿著隱形衣的，所以他不能跟我說話，要假裝我不存在。

校門口的車站，小秒針是熟悉的，駕輕就熟就到了，像模像樣地看遍站牌，心裡有數了。等車的當兒，心細如發、貪財如命的小秒針，居然想起一件事來，要跟我掰清金錢糾紛：那你坐公共汽車的錢不要從我的十塊錢裡出，好不好？

他用的是商量的口氣，如果我態度強硬，相信他肯定會從自己的遊戲開支中割捨小額費用，以確保他自己的安全。我試著驗證了一下自己對孩子的瞭解，果然，我剛抗議地大叫，他就忙不迭地「好吧好吧」，申稱負擔我的交通費。我很得意，寬宏大量地顯擺自己的愛心和大度，道，算了，我才不會跟人計較這些小事呢，我的路費我自己出，誰讓我是你老媽、那麼愛你呢？現在你知道媽媽多愛你了吧？多能犧牲自己啊！

說得自己都掉了一地的雞皮疙瘩。世上還有我這麼噁心的媽，大概地球距離毀滅也不遠了。

公車遠遠得來了，我說，好了，現在活動正式開始！如果你犯規，活動自動結束，我立馬丟下你回家。我做了個披隱身衣的動作——注意，你現在看不見我了。

這趟車，小秒針還算熟悉，所以態度輕鬆。過了湘江大橋，漸行漸遠，熟悉的建築和街景越來越少，小秒針明顯緊張起來。長沙的公車，很多都是沒報站的。到了該倒車的那一站，小秒針沒有反應，我當然更是裝聾作啞。車都過了兩站，小秒針越來越心神不寧了，茫茫然看我，我施施然看街景。他一定是鼓足了勇氣，才蹭到車頭，怯生生地問司機：叔叔，某某站到了嗎？司機粗聲大氣地，早過了。後面是一長串的抱怨和罵罵咧咧，他說的是地道的方言，小秒針不太聽得懂。但大意還是知道的，車到站，他慌慌地滾下車，站在完全陌生的月臺上，整個人都是僵硬的。我能非常明顯地讀出他心裡的恐懼，也是堅硬又尖銳的。

一時間好心疼，我甚至想中斷這遊戲，因為擔心此刻彌漫在他身體裡的強烈的不安全感，會影響他的心靈。我眼睛看著別處，步子卻悄悄挪近小秒針，虛虛地擦著他小小的身子，讓他感覺一點溫暖、支持和依靠。他眼巴巴地看著我，下意識地抬起手，卻只是輕輕地拉了一下我的衣袖，便放下了。他沒有破壞遊戲規則。

呆了一會兒，或許是理出思路來了，小秒針開始主動獲取訊息。他仰著小臉看站牌，努力辨認上面的每一個字，又四下裡張望看路牌和路標，不得要領後，他開始問路。或許是我的錯覺，但我發現，他問路時，自覺不自覺地有選擇性，他更多地問年輕姑娘和成雙成對的人，很少問老人和中年婦女，從來沒有問過單身男人。

事後他解釋給我聽，他會找說普通話的人問路。他否認自己「不向男士和中年婦女問路」的現象，但也說，看起來很凶的人，他就不問，而很多人販子都是「中年女人」——千真萬確，他用了「中年女人」這個詞。而且，我簡直不能明白，「人販子多中年婦女」這個判斷從何而來——至於老人，容易「老糊塗」，他怕被指引得誤入歧途。

而我則補充提醒他一點，以後在問路中，不要讓人感覺到他迷路或走丟了，除非是對員警之類的公務人員。免得生出意外來。

另外，問路後他常常想不起道謝，聽完別人的回答，「哦」一聲就走了。我想這裡面可能有我的責任，以前每次做了什麼，我習慣性地吩咐一聲「說謝謝呀」，他也習慣性地學舌「謝謝」。這樣的道謝大概是不過腦子的，所以這一次沒人吩咐，他就想不到要道謝了。所以事後，我幫他分析：這一次探險，除了鍛煉勇氣，最主要的是學會了解決問題和獲取資訊。資訊有不同的種類，看站牌、路標，是搜集公共資訊，還可以有針對性地主動謀求資訊，那就是問路。因為這個資訊是別人特別根據你的需要量身定做的，所以獲取資訊需要有所支付，如果這個資訊很重要，要應該要付錢的。當然，如果別人提供這個資訊不太費事，再說你是小孩子，所以支付就可以簡單點，那就是說聲「謝謝」。

問了幾個不同的人，得到了幾個不同的答案。小秒針有點暈了，在人群中轉了幾個來回後，無計可施的他貼到我身邊，眼睛不看我，非常非常小聲地說：媽媽，我問你一件事行嗎？

我覺得好笑，假裝脫了隱身衣，先警告：下不為例。再問，什麼事？

他說，我不想去玩遊戲了，我想回去。

我問：真的，你確定嗎？我知道那個遊戲城可大可大了，有很多超好玩的遊戲，我以前去玩的時候，一整天下來……

小秒針打斷我，可我不知道怎麼去。

我在心裡掂量了一下：不能給他任何具體資訊，但要給他信心，還要足夠的誘惑，因為這是最重要的動力。於是我就當沒聽到他的話，繼續說，我在裡面玩一整天都沒玩遍呢。對了我想起來了，既然遊戲那麼多，我可以考慮再多給你十塊錢，讓你多玩幾個。而且，我們現在距離目的地已經不遠了。我一想到有電子遊戲玩，不知道多興奮呢。——好了，現在我又要穿隱身衣了，bye-bye。

小秒針終於又踏上了一輛公共汽車。事後我才驚喜地知道，他竟然具備了初步的分析和篩選資訊的能力，他清楚地記得友誼商城所在的站名。但凡說到這個站名的，他才相信。

當時我就感慨：人有慾望真好。我以前也想著要鍛煉小秒針，從來沒有能夠實施過，他根本不上你的道兒。而有了「去玩遊戲」這樣一個動力目標，就一切都能運轉起來了。至於電子遊戲的副作用，我以後再慢慢消除吧。

坐在公車上，小秒針看上去東張西望地心不在焉，可他的小手始終擱在大腿上，每過一站便伸出一個肥嘟嘟的指頭。這次他算是吸取教訓了，為了避免再坐錯車，他早就數清楚了，一共要坐5站。

第四站剛過，他站起來往車門處走，很認真地自言自語：準備下車。

下了車，小秒針已經很疲憊，強烈要求我脫掉隱身衣。我滿足了他。現在，他可以跟我說話了。但是，還要問路，這自然又是小秒針的事。他抱怨道，又是我問路，怎麼什麼事都要靠我啊？

我很乾脆地掉轉頭：好吧，我們回家。

小秒針馬上見風使舵：好好好，我問我問，還不行嗎？

一路問一路走，問到最後一個，那個女人很乾脆地一指立交橋斜對面：那就是。

小秒針愣了，沮喪而抱怨：怎麼又要過馬路？剛從那邊穿過來的。

按說我應該再讓他自己折騰的，但我自己實在懶得走了，便止住他：我們對獲得的資訊不能全盤接受，要判斷一下正誤的。比如，有遊戲廳的商場，應該比較大吧，可你看一看，對面路邊有沒有特別高大的建築物呢？

小秒針轉著圈查看地形，一轉身看到了巨大的招牌，就在他頭頂閃閃發光，商場的大門，距離他只有十步之遙。小傢伙又驚又喜又羞又窘又惱火，大叫：好啊，媽媽，你又耍我。

我大笑：耍的就是你，誰叫你這麼笨？

我笨嗎？小秒針洋洋得意地反駁，我這麼聰明，又能幹。我都自己找到這兒來了。

小秒針玩兒的時候，我一直在回味今天的……對我來說，是遊戲，而對小秒針來說，無異於探險。一個小小的孩子，身高剛過成人的腰或胸，在人如海、車如流、高樓如林的鋼叢林裡穿梭、尋覓，他的困難，我想都想不到。語言有點不通、有的字不認識、上錯車、坐過站……但他心裡始終懷著一個目標，想放棄，但還是堅持，一路尋覓、努力，最終抵達自己光輝的終點，多麼不容易的事，多麼大的成就！

再想想行前在家裡說到的那些孤兒們、離家出走的孩子、被遺棄的孩子、流浪的孩子、無家可歸的孩子，沒有小秒針今天的探險之旅，我沒法感同身受地體會到，他們掉入成人世界的深海裡，失去了關愛和庇護，他們小小的心中，茫然、無助、孤苦、艱難、恐懼和惶恐，有誰知道？他們多麼需要照顧和依靠，誰又會給他們？

思及此，心裡多生出一份對父母的感恩，他們讓我在健全的家庭長大，享受了足夠的愛、教育和溫暖，擁有還算飽滿的情感。長期以來，我卻將這一切視為理所當然而熟視無睹。

思及此，心裡又生出一份博大的愛和慈悲了，願天下的孩子，都能如小秒針，有家、有愛、有童年。愛和悲憫從心底裡滋生、升騰，再看世界，便如同相機換上柔光鏡，世上的一切都柔麗起來。

我今天的世界，因為有了孩子的探險經歷而柔美、而溫情、而高遠開闊。

我要謝謝他。

轉學

小秒針的轉學源於一個誤會。我聽說北京的孩子必須滿七歲才能入學（其實六歲就可以），這實在太晚了，所以我讓他從幼稚園中班直接升學，在長沙先讀完一年級，再轉過來。反正長沙孩子讀書普遍偏早，我們鄰居家的小女孩，四歲就被送進小學了，因為小學比幼稚園便宜多了。

我向來覺得中國的學制太長，小學居然六年，非常沒必要。我小學讀的是五年，基本上沒有學習的印象，全玩兒去了，成績還不賴。

不是絕對的說基礎教育應該多少年，我反對在於，第一，現在小學一年級的課程，識字、加減法、形狀和顏色，基本上所有的孩子在幼稚園時都已經會了，英語單詞說得刺溜刺溜的，唐詩背得一串一串的。初中的東西，小學開始學，高三的東西，高二鐵定全學完。總是往前趕，留出專職備考的時間，這toooo荒唐。

第二，中國的校園教育品質太差、與社會太脫節。正常六歲上學，這樣算起來，大學畢業都二十二歲了，對社會還一無所知，只習慣「聽老師的話」。如果再讀個碩博，小三十了，還是不食人間煙火的校園人，不識世態百象，不懂人情世故，這時再步履蹣跚地走向凡塵，認識社會，這toooo可怕。我是恨不得孩子能讀兩年書，退學了到社會上流浪兩年，再回頭讀兩年書的。

二〇〇七年二月，過完年，一家人回到北京，收拾房間、安頓身心，一通忙碌。第二天清早，紫禁城帶小秒針出去散步，熟悉校園環境。不一會兒，回來了，激動地大聲宣佈：小學今天就開學！幾乎讓我措手不及。

趕緊讓小秒針收拾好了自己的東西，送去學校，居然還要求作語數外三門功課四張卷子的測試。下午，小東西領回一大堆課本、練習冊，又要按要求把所有的書本包上封皮，又急著要玩手工課發下來的教具、拼賽車，忙得不亦樂乎。

臨睡前，我跟小秒針認真談了一次話。中心意思是，新生活開始了。以前我們很動盪，媽媽有時在有時走，爸爸也是，婆婆外公也是。我知道這會給他造成嚴重的後果，比如沒有安全感，我很抱歉。但現在，我們的生活將完全安頓下來。

我強調了三個要點：第一，小秒針以前表現很好，我們很以他為驕傲。相信他在新環境裡仍然能夠很棒。

第二，新學校會有一些不同，他要有心理準備，比如，別的孩子都已經同學一年多，彼此熟悉了，對他卻很陌生，可能一開始不跟他玩，玩的遊戲也會不一樣。又比如，別的孩子已經學了一年半的英語，他還從來沒學過。一切陌生和差距都是正常的，沒有關係，勇敢努力就行。

第三，我給他佈置了第一天上課的三項具體任務：一、至少認識三個新同學，主動和他們說話，介紹自己，並知道他們的名字。二、至少主動向一個老師介紹自己。三、班主任向全班同學介紹他的時候，要做一個好的發言，說點什麼呢？今晚可以做點準備。

放學回家後，另外再有一項任務：給以前的老師和班級寫一封信，告訴他們你在新學校的情況，還有你想念他們。

最後，我擁抱他、祝晚安的時候，他很高興地吻了我。

他進幼稚園的前夜談話，是紫禁城做的，他進小學的前夜談話，是老夫子做的，現在，輪到我了，一個不稱職的媽媽，姍姍來遲的媽媽。

第二天早上，天還沒亮，紫禁城就起來準備早餐，七點五十就要到校，而我已經很多年沒有在十點前起過床了。我昏沉沉、癡呆呆地望著窗外，中午十一點四十分，我得保證小秒針回到家有吃的。這之後，就是一大堆的事情在排隊：找班主任和英語老師溝通，添置一大堆久違了的學習用品：鉛筆、橡皮、練習冊、教具、尺子，按老師的要求下載學習音像資料……

七點半，送走小秒針出門，我脫口而出：「好日子到頭了。」現在的我，不是嬌妻，不是嬌女，是媽媽，是長輩，還是老師，是家庭和社會的中堅。

孩子轉學，如同移植花草，如果水土不服，後果還是很嚴重的。對小秒針來說，新城市、新師生、新教材、包括新氣候，一下子撲面而來，挑戰是很大的。我多少有點緊張和擔心。而且，從那一次之後，我就堅持認為，孩子能夠不轉學的儘量不要轉，傷筋動骨，移花接木，不是那麼容易的事情。孩子小時候，最需要的是穩定，穩定的家庭，穩定的人員，穩定的生活。小秒針長到今天，仍然缺乏安全感，根本的責任就在我的流動不居。這一點，罪孽非常深重。我對小秒針非常愧疚。

我幾乎是戰戰兢兢、如履薄冰地密切關注著小傢伙的動態。那一段，我花了很多時間跟他談心聊天，雖然我自己也是剛開學，一大堆的事。

頭一天，沒事。第二天，還是沒事。第三天，小秒針不高興，因為同學玩一種遊戲，他想參加，被拒絕了——是被很粗魯地推開的，因為他不會玩。第四天，還是有點沉鬱。但是第五天，他學會了班上流行的那種遊戲，回家跟我演習。一個星期後，小秒針第一次將一個同學帶回了家，介紹說，這是我「兄弟」，我是他「哥們」。

非常巧，這位「好兄弟」的爸爸，恰好是我的同事。

兩個星期後，我對自己說，排異反應基本上過去了。還好，平穩過渡。我簡單松了一口氣。

一碼歸一碼

做不做媽媽就是不一樣。在我還是「一人吃飽，全家不餓」的時候，冷眼旁觀別人做父母，用不著橫挑鼻子豎挑眼，就是豎挑鼻子橫挑眼，也能看到人家做得相當不怎麼樣。自家父母就不必說了，簡直就是再壞不過。在街上走走看看，這個媽媽走路為什麼一定要牽著孩子的手呢，難道孩子自己不會走？那個爸爸何以要餵飯，為什麼不培養孩子的生活自理能力？僅僅因為孩子的問題太多太難，回答不了，那個媽媽不檢討自己，居然還呵斥孩子「閉嘴」！孩子在唧唧咋咋說話，那個做父親的竟然面無表情的「嗯嗯」兩聲，敷衍了事……

我對這些低能的父母充滿了鄙夷。

等到自己做了媽媽，哎呀呀，老天爺，比上述父母很不如呢。我呵斥孩子比誰都厲害，我比任何人更早表現出不耐煩，我走路時倒是不拉著孩子的手——我抱著他，而且每過兩分鐘啃他一口。

事非經過不知難。這就是人生值得活一次的原因，也是女人如果可能，最好做一回母親的原因。

好些錯誤和蒙蔽，我以前看得最是清楚明白，輪到自己，卻犯得最堅決徹底。比如說，就事論事。

以前聽閨中密友說她的愛情故事或愛情事故，最煩她的一點，是陳穀子爛芝麻永不過時，一次矛盾出來，之前百年之內的同類項都翻出來暴曬。女人擅長的能力，大概除了記憶力超強，就是非常善於歸納、分類、總結，然後引申和發揮。結婚前他曾買過一件不讓人滿意的禮物，新婚時他獨自做了一個並不高明的決定，婚後十年的某一天，夫婦吵架，妻子會全部抖落出來，痛斥丈夫習慣於自以為是、自作主張、獨斷專行、剛愎自用，從來沒有理解過自己，聲稱自己忍受了多少年的委屈和苦難，從來沒有得到應得的尊重和重視……，而做丈夫則莫名其妙兼滿腔憤懣，只不過因為上次你在電影海報前看了半天女主角的衣服和髮型，他會錯了意，心血來潮買了兩張電影票，準備給你一個驚喜。

對孩子也一樣。孩子又犯錯誤了，而且屢教不改，便有了悲憤和屈辱，聯想到我把你帶這麼大，容易嗎？你三歲的時候生病了，如何如何，你五歲的時候受傷了，如何如何，你八歲的時候如何如何，如何如何。越說越委屈，都是為了你，我如何如何，現在你卻如何如何，你現在這麼小就如何如何，以後長大了還不如何如何……

不過是孩子一次貪玩耽誤了交作業，最後的聲討卻變成了「辛辛苦苦養大一個孩子幹什麼」、「活著還有什麼意思」這麼高深艱澀的人生哲思和難題。就是因為這麼一發揮，正義的賈政大人才下定決心要勒死那個未來即將罪大惡極殺父弒君的賊臣逆子。

這類明眼人一看就發笑的事兒，我就常幹。不僅幹，而且還自創理由、自圓其說。一個人做錯事，並不僅僅是一件錯事本身，其背後總有性格之類的本質原因，要挖到根，從根本處解決問題才行，否則下一次，還會有同類事情的摩擦。

這個理論，從理論上說是對的，有道理。問題在於，在實踐操作中，它太容易錯，太容易偏離最初的目的。比如，在怒目對老公或孩子控訴了很久、感覺也很爽之後，我會突然醒悟過來，其實我抱怨的不是這件那件具體的事，也不是真的在分析老公或孩子的深層性格，我只是在單純抱怨有了他們之後的生活，抱怨他們帶來的這種生活，充滿了瑣事、繁雜、責任、義務，讓我不堪重負。

問題在於，生活是我自己選擇的，我的生活中有他，也是我自己的選擇，我不能推卸責任，只能自我承擔。

再說了，無論是哪種生活，都有缺憾，所以，如果變得抱怨生活，一個人就完蛋了。她可以除了抱怨，什麼都不作，就此了一生。

這時候再想，才知道蓮花的「中通外直，不蔓不枝」，確乎是極難得的美德。不要上綱上線，心裡不要長雜草迷了心竅，才能明白事理，遇事不引申，不發揮，就事論事，不蔓不枝，一碼歸一碼。

孩子作錯事了，就批評這件事，不上升到本人的品質之類的艱深問題。或者，先讓孩子自己分析一下，為什麼又沒寫作業。你不說，聽他說，他說完了，再順著他的思路分析，深挖原因。

他拿出高分的試卷，當然表揚，但表揚的對象要清楚，是他勤奮學習了，不是他分數高，下一次，繼續努力讀書，但分數考低了，還是可以表揚的。批評也一樣，批評的不是分數，而是學習不認真，批評的不是他這個學習不認真的人，而是學習不認真這種行為和態度，對事不對人。

為了避免自己愚蠢的「節外生枝」，我把小秒針的所有行為、品質，設想成他的各色衣服。這個人，裸體的孩子，是無論如何我都愛的。但他的衣服可能不合適，不搭配。我只是要讓他換衣服，而不是要傷他的肉身。

實在控制不住自己的蔓延慾望，我就跟小秒針玩交換遊戲。他扮演爸爸，我做她的叛逆女兒。我故意早上不肯起床、晚上不肯睡覺、不好好吃飯、沒日沒夜地看電視、偷零食吃、寫作業姿勢不端正，給他機會教訓我。

他板著臉，很嚴肅地教育我，「你為什麼要歪坐著？這樣脊椎會發育成駝背的，知不知道？」我發現他教育我時，從來不借題發揮，這件事錯了，就揪著這件事講清楚。當然，他也渲染嚴重後果，比如我不洗手吃飯，他就恐嚇說這樣會死掉。但絕不說「我跟你說過多少遍了」、「你總是不聽話」、「你根本就不接受教訓」之類的廢話，也不因此扯到我的性格缺陷、人性弱點、道德品質或過去的非光輝歷史上去，不給我草率定性「你這個人就是不受教育」或者「你真是無可救藥」，更不把我的「不聽話」理解為對他家長權威的挑戰，從而因受辱而暴跳如雷。

而且一旦我改了，這件事就乾乾淨淨過去了，就此打住，再無後事。他甚至會人模人樣地表揚我：「今天媽媽表現得很好，一喊吃飯就來了。」

聽得我很樂，下次他再喊吃飯，我刺溜就奔過去了，因為希望他再表揚我。

不得不承認，這傢伙比我會教育人。

抬舉和留餘地

紫禁城接小秒針放學回家，他很是悶悶不樂。紫禁城悄悄告訴我，他英語考了九十二分。幾天前他還在餐桌上宣佈，自己這一次的英語很可能考一百分。

在我家，分數基本上無立錐之地，是一個非常遭漠視的話題。但小秒針自己很在意，常常說。可見學校教育對他的影響仍然很大。

我想了想，高聲叫小秒針，問：「聽說你的英語試卷該發下來了吧，怎麼樣？多少分？」

小秒針很沮喪，低聲說：「九十二。」

我大吃一驚：「天啦，九十二，我沒聽錯吧，不是八十二或者七十二，是九十二，怎麼會這麼高?!」

小秒針且驚且疑，又氣又恨，斜眼看我，說：「拜託，九十二是我考得最低的一次。」

這個我當然知道，而且我也知道，試卷其實是極容易的，他們班上每次得滿分的都不少，但小秒針從來沒得過滿分，他的英語水準，在班上至多中等。

我更吃驚了：「不會吧，我兒子英語這麼厲害，九十二分都是最低分，好崇拜你啊，給我簽個名好不好。」我把雙手展平了伸到他面前，請他簽名。

小秒針又好氣又惱火，拍開我的巴掌，說：「你就裝吧你，其實我以前考多少分，你都知道的。」但他的嘴角已經含了輕笑，知道我在無厘頭搞鬼作怪。

我笑道：「好啊，我就沒見過你這麼聰明又狡猾的傢伙，這一次故意考低一點，這樣，下一次才有進步的餘地，否則總是考滿分，多沒意思啊，是不是？」

從那以後，每次考砸了，就是為下一次考試留餘地。

人生當然是要留餘地的。

小秒針在做手工，畫、剪、貼，不亦樂乎。每過幾分鐘，就大叫：爸爸，你給我……爸爸，你幫我……

但見紫禁城在兩個房間川流不息，不勝其煩。連我的眼也花了。

我一夫當關堵在小秒針門口。「好了，爸爸現在有工作，有問題來找我吧。」

一分鐘之後，小秒針大叫：「媽媽，你幫我把這個圖案剪下來，這有個尖角我剪不好。」

我拿過來，看了看，做大驚狀：「這事還找我?!這麼個破角，根本沒難度嘛。哦，我明白了，你自己肯定行，故意跟我開玩笑的，耍我吧，不帶這樣的。我才不會上當呢。」

他被說得不好意思了，立馬就驢下坡，嬉皮笑臉道：「逗你玩的，被你識破了。」

之後每過幾分鐘，同樣的情形便重演一次。其中只有一次，我伸出了溫暖的援助之手，把一塊木頭鋸成兩半，結果是我裝鋸片的時候差點被劃破手，小秒針提醒我當心。

沒有我的幫助，小秒針也大功告成了，老實說我不知道他做的那是什麼玩意兒，總之不像是地球上的東西。但沒關係，重要的是，那基本上是他獨立完成的。此前他沒有想到，沒有大人支援，他也能做成。

這是一個秘密，孩子是不會反駁大人的，你說他笨，他就笨，你說他能，他就能。你以為你在評價他，其實是在塑造他。想來也簡單，孩子還沒定型呢，怎麼可能評價定了？你天天給他什麼心理暗示，他就發展成什麼樣子了。

所以，孩子是要抬舉的，越抬舉他就越高。你嘴裡議論的那個孩子，不是眼前這個孩子，而是你希望他成為的那個孩子。

大人無心或者「客觀公正」的評價對孩子的影響有多大，我是在一次無心之錯中發現的。紫禁城有嚴重的恐高症，別說險峰了，觀光電梯裡都發暈，我往山崖邊一站，還沒來得及驚喜地招呼他欣賞遠景，他的腿已經軟了，渾身冒汗。小秒針在幼稚園的時候，一次我帶他玩，爬橫杆，他從技術上說是沒問題的，但每次爬高超過一米，他的腳就開始哆嗦，死也不敢再往上。我順口來了句：「你還遺傳了你爸的恐高不成？」

從那以後，完了，他動不動就宣稱「我有恐高症，遺傳我爸的」。上了樓，都不往落地玻璃邊上靠，聲稱頭暈。我的一句話，就讓他患了恐高症。

為了彌補這過錯，每次我都不惜篡改醫學常識來罵他：「放屁，恐高症是老年病，你怎麼會有？而且，這方面你遺傳我的，天不怕地不怕。」果然，後來，他就改成遺傳我的了。我說他遺傳恐高症僅此一次，而要扭轉和「治療」則費了一兩年。順口一句話，病來如山倒，回頭再補救，病去如抽絲。我算明白什麼叫「禍從口出」了。

從那以後我得教訓、長記性了，只往好裡說。不問青紅皂白、作死地往好裡說。開始還想當然地有點擔心，誇獎和鼓勵太多，會讓孩子盲目自大、驕傲、不能正確認識自己？要不要來點負面刺激？來點激將法？按照我們受教育時的理論，「你的優點，我不表揚，也在那裡。你的缺點，我不批評，你就不知道，不知道就不會改。」所以，光批評，促你進步，不表揚，免得你驕傲。

後來發現，沒有的事，這套理論根本是狗屁瞎說。想想自己就知道了，挨了批別提多洩氣了，哪裡還有勁頭奮起直追，倒是得點表揚，就樂得屁顛屁顛的，加倍地賣力顯擺。以前總以為，是自己沒出息、不上進，又太虛榮，所以光愛聽表揚，卻不能化批評為動力。後來才發現，多數人都這樣。

誇著誇著，誇獎就成真了，那是潛能實現了。所以，我的一個觀點是，不要剝奪孩子對自己感到驚奇的機會，讓他挖掘自身的潛能、創造奇蹟，讓他能夠對自己驚奇，為自己驕傲。

事實上，小秒針一直在不斷地讓我驚喜，不斷地使得我對自己感到驚奇。

一次，我沒趕在他放學之前回到家，正著急堵在路上呢，電話響了。他見家裡鎖著門，到路邊借了「隨便一個叔叔」的手機給我電話，說他先去某同學家寫作業。尤其讓我吃驚的事，我剛換了手機，從來沒有特別告訴過他號碼，十一位數字呢。

一次，一行人去門頭溝的仰山和妙峰山踏青，兼做「歷史遺跡實地考察」。半道中，抄完碑文照完相，一抬頭，發現小秒針走失了。天色漸晚，野山荒蕪，我強作鎮定，其實不是沒有擔心的。連滾帶爬地趕回「駐地」，小秒針走了近十裡的盤曲山路，已經獨自下山，安安靜靜地守在我們的車旁邊。

一次，帶他去第三極書店看書，書店太大，上下好幾層樓，又丟了。我正在童書區搜尋，聽到服務台在廣播找人，某單位的某某某，小秒針的媽媽請注意，您的孩子在五樓中心的服務台等您。

每一次都出乎我的意料，於是收穫很多很多的驚喜和刮目相看。

記錄中的二〇〇七年一月，我坐在肯德基，在人縫裡看著小小的孩子拿著錢，排隊，點餐，努力地計算開支，取餐。我就坐在角落裡，等他小心翼翼地端了餐盤過來，把我的一份分到我面前，包括吸管、勺子、蘸醬和餐巾紙，享受著被小男人伺候的滿足感。

自己點餐，是我開出的吃速食的條件。只是一件很平常的事，但對於一個孩子，卻涉及到判斷、選擇，對秩序等社會規範的理解（排隊），對促銷等商業活動的掌握（拿特價小卡片），語文（識字），數學（付鈔、找錢），觀察（找我在哪裡）等一系列事。

對他有收穫，於我也有收穫。換一個視角看世界，司空見慣的事變得陌生有趣，刺激又新奇。他點餐的整個過程，我跟著刺激、緊張，東西買來了，我跟著驕傲、興奮。謝謝我的孩子，給我一個孩童的世界，孩童的心，孩童的視角，讓我的心放低了來看世界，看到精微處。於熟悉處見陌生，於平常處見奇崛。

在認識紫禁城之前，我從來想不到世界上有不會跳繩、爬牆、爬樹的人，現在我認識兩個了，阿紫一個，小秒針一個。小秒針接觸任何球類，頭三次，球和球拍沒有打過照面的；拍球，只要三下，球不是飛了滾了逃了，就是被他壓死了；跑步的時候，他跳得比誰都高，跳高跳遠的時候，他又比誰都更快地衝進沙坑；而且跑跳的姿勢，那叫一個難看，雙腿如棒槌，狠命地往地球這面大鼓上擂，動靜很大，位移不多。總之，我一貫認定小秒針遺傳了他爹的「全身充滿了細胞，唯獨沒有一個管運動的」。

可是，他練習拍球，居然能玩點花樣了，他學騎車居然很快，而且不久就能來一點有難度的動作了，比如在無障礙道上拐三百六十度的彎，穿過很窄的小石徑。二〇〇八年四月二十日，周日，下午，小秒針非要我去看他表演騎車，外面已經下了一整天的雨，現在雨正大，小秒針很快就全身濕透了，外面是雨水，裡面是汗水。他飛快地騎，在社區一圈又一圈，越來越快，越來越快。還玩大撒把，鬆開一隻手向我招手，招了又招，高興得哈哈大笑，很興奮。那一刻，他在感受自己的能力，享受自己的能力。我也被他感染得讓雨裡衝，要他搭我一段。他騎車的水準太超過我的想像了。很多次，他都比我想像的要能幹，讓我驚喜。

那麼，作為回報，我也應該給他驚喜，使得他能夠讓他自己驚奇。我最喜歡聽小秒針的那句：媽媽，我也沒想到我能……

小秒針膽小，只要有機會，我就慫恿他爬山、爬樹、爬牆。他很快就發現，他比自以為的要厲害。當他在我的威逼利誘下爬上蛤蟆峰，接受同行女孩崇拜的眼神和驚呼時；當他獨自穿過兩條街買回來一包我們指定的鹽；當他由討厭英語、害怕英語，到非常坑窪地看完了原版圖書《King Arthur and his Knights》的第一篇文章；當他從怎麼也不能開口說英語，到在大庭廣眾之下用英語作自我介紹（當然，很難聽，而且估計中國人、英國人和美國人都聽不懂）時……，他就會說，媽媽，我自己都沒想到我能……

小秒針對我開放的那張驚喜和得意的笑臉，讓我永生不忘。生命的美妙在於不斷有奇蹟發生，人生的趣味在於，你永遠不知道下面將發生什麼。你也並不知道自己是誰，自己的界限在哪裡。

對於多數人來說，界限就在自己停下腳步的那個地方。

二〇〇八年五月十一日，老師佈置的作文題是寫同學的優點。小秒針說了好幾個同學的好幾種優點，我沒有聽到想聽的那個名字，便啟發：「你常說的你們班那個搗蛋的同學……」

「哦，你是說最壞的同學某某某啊。」

我認真地說：「我覺得學生沒有好壞之分，只有好和還可以更好之分。（心裡痛罵，老師才有好壞之分！）你為什麼不寫一下某某的優點呢？」

於是小秒針寫了一篇「壞同學也有優點」的文章，還好，得了一個優。那天我借機讓小秒針評價一下自己，他自評的結果如下。

優點：作業按時交，愛看課外書，學習時會給自己設定目標，不氣餒。

缺點：有時候沒寫完作業就看電視，太膽小，自己的房間太亂，上廁所有時會忘記沖水。

還好，他對自己的評價視野不算很狹窄，但還是有點單一，大多都和校園有關，都和學習有關。而我對他的評價是：

缺點：

看到同學獲得什麼榮譽，就不分青紅皂白地也想爭取。

買不衛生的小零食吃。

分不清東南西北。旅遊時不注意查看地圖冊，玩了白玩。

在家裡玩的時間太多，出去玩的時間太少。玩的花樣太單一。

優點：

可以獨自看書看很長時間，注意力集中。

富有同情心和正義感。

騎車騎得很好。

爸爸媽媽做錯了事，能夠原諒，不抱怨。容易體諒、諒解別人。
事情過去後就不再計較。能很快讓自己快樂起來。
會自己想辦法解決問題，比如在外面走丟了會借手機給家長打電話，或者廣播找人。
能夠主動跟他人打招呼。
做小主人時不是自顧自地玩，能夠遷就和照顧客人。
出門時會自動把門口的垃圾帶下去。
善於欣賞別人。
在超市看到商品掉在地上，從不一走了之，即使不是自己造成的，也會拾起來。
搭乘扶梯時知道站在右邊，把左邊讓給走路的人。
與人比賽，無論輸贏都比較有風度。

老實說，他的優點沒那麼多，至少不是每次都能做到。別小看小孩子，他們其實是能夠認識自己的，小秒針被我滔滔不絕的優點說得有點不好意思，他指出最後一條，說，他不是每次輸了都有風度。

我被他的「客觀」態度逗得直樂，說：「贏了不張狂，輸了不發輸火，連大人都不一定能做到，所以你做得總體來說已經不錯了。偶爾沒做到，也情有可原。我看你的發展趨勢，肯定越來越好，所以可以算一條。」

他做得不夠，是給未來的發展留餘地，我誇的，是未來的他，潛力都發揮出來的他。而人的潛力，是鼓勵出來的。我也在給未來留餘地。

當然，也不能凡事一味地抬舉。學校開運動會，小秒針的參與意識很強，一口氣報了四百米跑和一百米跑，之後便每天晚上出去鍛煉，堅持圍著四百米標準賽道跑一圈。我們當然全家都很支持。

但「天有不測風雲」，過了一個星期，一天放學回家，小秒針很點沮喪。原來體育委員動員他放棄四百米跑，因為報名的人太多，而他是其中跑得最慢的。他看著我，怪委屈地說：「為什麼呀，我覺得自己跑得挺快的。」

我沒有做評價。運動確實不是小秒針的天賦所在，何況他入學早一點，比同班同學差不多小了一歲。

運動會那天，我去觀賽。一百米他跑了最後一名，和第一名相差了至少五十米。下了場，小秒針很難過，不理睬我的問候。他自怨自艾地深歎：「唉，沒想到跑了最後一名。」

我問：「你本來想跑第幾名？」

他說話都不結巴的，說：「第一名。」

我的嘴張了張，一時有點無話可說。他如果哪一次體育課跑了個季軍，那一般就是在三人小組中。

我只是安慰他，別的話都不說。到了傍晚，他緩進勁來了，我才跟他談了一次，建議他正確認識自己。跑步輸了，根本就不應該沮喪的，因為他年紀小，跑步不是他的優勢，他本來就不該以第一為目標，這樣不切實際。運動方面，他只要身體健康就行了，可以考慮放棄在競技體育方面爭先的念頭。他可以在別的自己真正擅長的方面發展、爭先，比如思維活躍、知識面寬、善於交朋友、興趣愛好廣泛，等。

小秒針分清楚健康保健運動和競技體育的區別後，基本認同了我的觀點，但比賽輸了，還是止不住的沮喪和失落。

我告訴他，人要學會控制和轉化自己的情緒。比如，沮喪的時候，可以嘗試著換一個角度想問題，比如今天的一百米跑，如果是比賽誰跑得快，他當然是最後一名，但如果是比賽誰跑得慢呢，他不就成了第一名嗎？

談話是有作用的，晚上老夫子來電話，問到運動會情況，小秒針笑顏逐開地自嘲道：「我得了一百米慢跑第一。」

他還學會了一句話：我們不比這個，我們比……

我很高興他學會了投棄權票，學會了捨棄。

信任和放手

我相信自己的孩子嗎？

有時，我問自己這個問題，發現回答是否定的。

小秒針兩歲多一點，第一個叛逆期，正是自我意識開始萌發的時候，凡事都要求「我自己來」。比如，不再安於被餵飯。對此我一般還是很鼓勵的。當然這樣很費事，基本上他吃在哪裡，那裡就是垃圾場。他的一碗飯，衣服、褲子、鞋和地板都能分到吃的。吃完飯一跑，尤其恐怖，滿屋子走得粘腳，從餐廳到臥室到陽臺。

但我想，人要學著吃飯，總有掉飯的過程，一歲不掉，難道等到五歲再掉飯？由著他去吧，只是在餐廳設立了戒嚴區，吃飯時不准他越雷池半步，把災區限制在可控的範圍內。

但養孩子的狀況，絕對是「苟日新，日日新，又日新」的。二〇〇二年八月二十二日上午，我拿了個煮熟的雞蛋，剝開了餵小秒針。他的兩隻小手左鉤拳，右衝拳，上下出擊，要搶過雞蛋去自己拿。嘴裡說：「我一個人吃。」我非常自然地百般躲閃，說：「不能拿，燙！」確實太燙了，虧得我一張老皮熬得住。

小秒針哼哼唧唧地只管搶奪，我全力保衛防禦，這樣的拉鋸進行了兩分鐘，我的火幾乎冒出來了，告訴你很燙的嘛！怎麼這麼不聽話？或許是因為我對「聽話」兩個字有本能的惡感，所以話一出口，倒在一霎那間懷疑自己，品出不對勁來了：原來我並不認為孩子有自己的判斷。

雞蛋燙是我摸出來的，小秒針也有皮膚，皮膚也有觸覺，也能摸出雞蛋是否燙。對我來說，雞蛋燙是一個「事實」，直接告訴小秒針這一「知識」就行了，不必多此一舉讓孩子自己試，他的嫩皮細肉可能會被燙壞。可是，感受是個體的，即使我對於雞蛋溫度的感受和小秒針的完全一樣，前者也不能代替後者。他應該自己感受雞蛋的溫度，並自己作出決定，讓他摸一摸，如果他覺得太燙，自然不會拿，如果他能拿，說明不那麼燙。

於是，當小秒針再次要求自己拿著吃時，我停了一下，說：「媽媽可以讓寶寶自己拿雞蛋，但是我提醒你，會燙手的，你小心點哦。」然後我停止了防禦和躲閃。

以他剛才搶奪之堅決和迅猛，我以為他會飛快地撲上雞蛋，但是沒有，我停下來，他居然也停了下來，很小心地伸出兩個指頭，觸了一下雞蛋，又觸了一下，然後不動了。

我問：「燙不燙？」

「燙。」

「那你還自己拿嗎？」

小秒針搖搖頭。

我又問：「還是我餵你吧？」語調後面帶一點點聲調，勉強有一點徵求意見的味道。小秒針點點頭。在接下來的整個過程中，他都乖乖地由著我餵，再不生事。

我最初就是不要他自己拿雞蛋，現在目的達到了，而且沒有再遭到抗議和反抗。這樣的方式比單純拒絕，繼而制止他站起來又哭又鬧的搶雞蛋要容易得多。因為他自己知道，雞蛋太燙了，不能拿。

那一次之後，我再看過去的很多矛盾，便唯餘自嘲和羞恥。我不讓，他非要，不可調和時，不是他氣急打我，就是我敗壞打他，我又叫，他又哭，烏雞眼對烏雞眼。

我為什麼不讓？鬥爭那麼久，矛盾那麼激化，其實只因為，我要把自己的判斷——正確又英明的判斷——直接加於他。我或許不相信他自己能得出跟我一樣正確英明的判斷，或者覺得讓他判斷費時費力。

我比孩子更高明、經驗更豐富，所以可以為他作出了判斷和選擇，他們只要「聽話」服從就行了。我今天能夠不知不覺代替他感受一個雞蛋的熱度，明天就可能替他選擇專業、決斷人生，我當然可以在不知不覺中代替孩子做很多很多事，可我能否代替他戀愛和失戀？代替他成長？代替他活著？即使我們對人生的感受一樣、判斷一樣，結論也一樣，終究還是兩個生命，生老病死誰替得？人和人，親至血緣，終究各是各的生命。他需要自己的感受，自己作出判斷和選擇。那就是他的人生。我都替他活完了，他活著做什麼？

老夫子擔任一所中學初中部的負責人時，常常感慨，中國的家長太累了，孩子讀中學，家長帶著來報名、考試、說情，大學畢業了來學校應聘，仍然由家長帶著！我也跟著感慨，但認為這個問題和自己沒有關係，因為我是注意培養孩子獨立精神和自我意識的。

現在看起來，其實我也有意無意存在這個問題。意識到這一點以後，再留神日常生活，慢慢發現問題遠比我想像的嚴重。

比如，大人跟小秒針說話，「叫什麼？」、「多大了？」孩子的反應總是慢n拍，半天沒回應，有時我催一聲「阿姨（叔叔）問你呢，說呀」，有時怕冷場，乾脆就代答了。一來二往成了習慣，以後再有這樣的情況，小秒針乾脆就撂開手了，他認為回答是我的份內事，他的社交只限於他自己的同學，不包括與成人交往和談話。

又比如，我會很習慣的簡單命令「別踩水」或者「不要追狗狗」，其實只需要提醒他「那裡有水」或者「被追的狗可能咬人」就夠了，他自己會注意，知道該怎麼辦。即使我解釋清楚「不要追狗，因為被追的狗會咬人」，依然有問題，因為我代替了孩子的邏輯思考，事實上，他自己能建立起事物間的因果聯繫，不需要我越俎代庖。

這些從再「日常」和「自然」不過的發現讓我驚訝，而且害怕。人犯錯誤，原來是可以如此渾然不知、渾然天成的。我必須保持怎麼的警惕心，才不至於錯得太離譜。

我唯有用戰戰兢兢、如履薄冰的姿態，把自己和孩子分割開來，他的事，我的事，儘量不越雷池。

當然，我還在一廂情願地一條條寫著《給兒子的忠告》，不管怎麼說，我仍然有話要對孩子說，仍然希望他能在我人生體會的基礎上，少犯一點錯誤、少走一點彎路，但我也越來越清楚地知道，如果做某一件事是錯的，應該讓孩子們自己得出這個結論，而不是由我告訴他這樣一個事實。甚至，或許，人的一生，有的錯誤是一定要犯的，有的彎路是一定要走了，有些跟頭是一定要栽的，有些苦難和屈辱是一定要經受的。錯誤和挫折是構成生命的一部分、不可或缺的一部分，沒有這一部分，生命將不完整。

轉眼到了仲秋，天氣轉涼。中午睡覺的時候，我不准他蹬被子，有時呵叱：「老老實實給我躺著，不准蹬被子！」有時說服：「現在是秋天，已經比較冷了，人睡覺的時候體溫會下降，如果蹬了被子，會著涼的。」

可小秒針軟硬不吃，每次一上床就開始小狗撒歡一般的手腳亂彈，等待我的訓斥——這似乎是他的遊戲。終於有一天，我半因惱怒半因忙，撒手不管，他感冒了。流著鼻涕，叫頭痛。他無精打采、可憐兮兮的縮在被窩裡，說：「媽媽，我有點不舒服，我要去看看老爺爺（一位老中醫）。」

我心疼的抱著他，說：「都怪媽媽不小心，讓你著涼了。」

小秒針摸摸我的臉，正色說：「是我蹬被子了。真的會生病。」

我心裡直叫天。「真的會生病」！他非要如此切身體會，才接受「不蓋被子會感冒」的道理！這個道理，不是紙上得來，不是從我嘴裡得來，是切身體會、「一一從心底裡流出」的，所以深刻，所以切身。

當然，習慣的力量，是無論如何強調都不過份的，調適和改良自己，其艱難也是無論如何強調都不誇張的。在後來的歲月裡，我仍然不斷地犯同樣的錯誤。二〇〇四年夏天的一天，我跟小秒針走在再熟悉不過的回家路上，他突然提出要從路旁一個小巷子過去。我告訴他，這樣不僅繞道，而且最近在搞基建，巷口堵住了。

可他不聽，賴著非要走上歧途不可。我急著回家，凶他吼他，拖他拉他，他開始掙扎、反抗、叫嚷。兩人當街拔河，鬥爭了很久，難分勝負。我們都很疲憊，也都上火了。我怒道：「好，說你你不聽，你去吧。我們各走各的路。」

我扔下他往家裡走，他奔向他的小巷口。母子反目成仇，就此分道揚鑣。

我氣呼呼地剛走出二十米，聽到後面叫「媽媽」。他氣喘吁吁地折回來了，果然「此路不通」！

我開始很是幸災樂禍，大快人心地嘲笑奚落他，邊走邊念叨：「你看，媽媽告訴你，你偏不相信，現在知道了吧……」小秒針一直不吭聲。我忽然意識到自己的愚蠢。他以前不知道那條巷子的情形，現在知道了，是他自己努力爭取去探索和實踐出來的，成就啊那是，我卻打擊他？

再想想，還是我蠢，我們剛才在路上拉拉扯扯十來分鐘，而讓他自己去碰一下壁就回頭，前後不過六十秒。哪種方式好，而且省事，豈不是顯而易見？我偏偏要舍近而求遠，何其愚鈍也哉！

有時候想想孩子，其實是極可憐的。他在寫作業，十分鐘的時間內，你聽，「頭抬起來」、「手壓著本子」、「腳放下去」、「握筆姿勢不對」、「擦掉」、「看這裡」、「這個字沒寫好」、「把燈打開」、「胸部不要貼桌子」，吃飯的時候呢，則是「別掉飯」、「端著碗」、「湯別撒了」、「吃蔬菜」、「小心魚刺」、「腳別亂動」、「不准看電視」、「快點吃」、「手有油，別到處亂摸」……

每句話都對，可把你放在孩子的軀體裡，點點滴滴、無微不至的管教，每一行動必獲糾，每過幾分鐘聽到一條新命令，你就這樣活一天，試一試。管得太多，孩子會變白癡的。

大人的毛病是，發出的命令不僅太多、太頻繁，而且常常互相矛盾。

「小秒針，吃飯了，快去洗手。」、「收拾桌子吃飯了。」、「叫你收拾玩具。」、「吃飯來端個碗都不會，還要我們伺候好才行啊。」

每句話都沒錯，但放在一起就錯了。

家裡掛著幾幅國畫，我看著有時走了神，就想，國畫的留白，何其重要，畫滿了，就傻了，畫也毀了。對孩子也一樣，不要凡事都指點，放手、放手，留出空白來，氣韻才能流動。當然，留白不是空白。最優秀的國畫絕對不是什麼「羊吃草」[6]。至於在哪裡留白，哪裡

6 草被羊吃了，羊也走了，所以白紙一張。

點墨，便正是區分畫者高下之處。

我私下認為，保持敏銳的感覺、探索和好奇心、對幸福的感受力，擁有熱情和愛的能力，沒有比這些更重要的，還有強健的身體、堅韌的意志、與人交往的能力、感染力、自己謀求答案的能力、思維的靈活性、理解他人和表達自己的能力……，至於字的筆順是否對、現在已經認識多少個字、喜歡坐著還是趴著看書、看書時是否習慣開著音樂、是否習慣撓頭，實在是細枝末節的末節，不足掛齒。

大人不能節制自己、放開手，其後果是孩子沒有自製力。因為孩子凡事都被管制著，不需要自己約束和控制自己。而重要的，恰恰是讓孩子自己掌握分寸，有自律精神。

自製力的教育，我做得並不好，畢竟，我只是我們家庭的一員，不是全部。小秒針每次從他的活動（遊戲、看書）進入家庭常規活動（吃飯、出門、睡覺），都是被「喊」去的，導致的結果是，如果不被喊，他就不動。我曾經極力主張不喊，或者只喊一聲。但並不能執行。但是至少，小秒針單獨和我在一起的時候，會更加警覺，

那天晚上只有我們母子在家，飯菜做好後，我叫了一嗓子：「吃飯了！」他答應著，說：「好的，等一下。」

他正在看書，看完正在看的那一節後，他又接著看後面的章節，直到我衝過去大吼大叫為止。

我揪住他，問：「你剛才說『等一下』，這個『一下』，是多久？」

他想了想，回答：「我不知道，隨便多久。」

我說：「隨便多久也總得有一個界線。這個界線，或者由我來定，就是我掐著你、管著你、罵你，或者由你自己來定，就是到時候自動停止看書，過來吃飯。你覺得哪一種好？」

我接著又講了一番道理，大意是，小秒針可以不聽我的話，不聽任何人的話，但他得遵從時間的律令，自己的作息要有規律，舉止要有進退。我再次指點一下，家裡那些地方能看到時間。然後宣佈，他自己的事，正式移交給他自己處理。

他或許無心地點點頭。

那天晚上，我在電腦上備課，小秒針在自己房間裡，不知道幹什麼。八點多一點，我提醒他，快到睡覺時間了，他答應了。

八點半，到了平時他洗漱的時間，我想了想，沒有動靜，小秒針在房裡，也沒有動靜。

過了十多分鐘，小秒針叫了我一聲：「媽。」

我答應著，問：「什麼？」

他靜默了一下，說：「沒什麼。」

我繼續忙我的。有過了一會兒，過九點了，我有點坐不住了，明天還要上學，睡眠不夠是不行的。但我不相信小秒針是玩忘了時間，我已經叫過他一次了。而且，他也喊了我一聲，那是試探。每次他的活動都被大人打斷，被逼著去睡覺，今天沒人逼他，他覺得終於從大人手裡

「偷了」、「賺了」一點自己的時間作「自己的事」，而不是做「大人的事」。

我下定決心，這一次，要把劃界線、喊stop的權力交給他，這權力，他不接受都不行。我要把他的事情還給他，比如，睡覺。

我凡事管著，不放手，他就會靠著我的手、依賴這手。第一次放手，孩子總是要倒的，之後就能自己走路了。總不放手，他總不會倒，但永遠不能獨立行走。我能管他一輩子？失去依靠後的那一跤，永遠等在某個地方，是一定要摔的。我讓小秒針這時候摔倒，已經晚了，不能再晚。難道遲至他考上大學，再因為控制不住玩電腦遊戲，被掛科勸退？

九點十分，小秒針衝了過來，責備說：「媽媽，你怎麼不叫我啊。」

我瞪了眼表示大吃一驚：「叫你什麼？」

「叫我睡覺啊。」

我更吃驚了：「我為什麼要叫你睡覺？那是你的事。你房裡沒有表嗎？你不會看鐘嗎？」

小秒針抗議地大叫起來，連珠炮一般：「現在都九點多了！小孩子要保證十個小時的睡眠，大腦才能發育好，明天我還要上學呢，睡不夠怎麼辦?!」

我還是很無辜地瞪著眼：「你說的這些都很對，但是幹嘛跟我說？跟我有什麼關係？」是的，我告訴小秒針，你該幹嘛就幹嘛，如果你想玩通宵就玩通宵，如果你覺得要保證睡眠，該什麼時候睡覺就什麼時候睡覺。我的事情由我定，你的時間由你定。

小秒針氣哼哼地走了，洗漱，睡下。

第二天早上，他睡不醒，起來很是惺忪沉鬱，我什麼也沒說，他夢遊似地洗漱、吃飯，也默不作聲。我突然很愧疚，小秒針其實完全知道什麼是正確的，知道在什麼時候做什麼事情。如果他一直在寬鬆的環境長大，自律又節制，他昨天不會那麼晚，今天也不會這麼難受。

孩子，昨晚，我們就算打過移交，我把你交還給你自己了，所有權在你，決定權也在你，你善自珍攝。

評價

小秒針這幾天非常反常，早上六點多便自己起來了，一起來，便聲勢浩大地洗漱，雷厲風行地吃飯，表現好得讓人膽戰心驚。

我躺在床上不動，看他表現，等著他向我提什麼非份的要求。可他吃完早餐，挎上書包，道一聲「媽媽byebye」，走了。我做足了戰備防禦，卻沒有被攻擊，心裡空落落的，百思不得其解。

晚上，終於逮到機會問他，他充滿了豪情壯志，宣誓說：「我要第一個到校。」

「為什麼要第一個到校？」我不懂。

學校規定七點五十到校，我一般讓他七點起床，七點半左右出門，自己走到學校，稍微早個十分鐘，正好。我不想他遲到。

「老師要我們儘量早一點，某某某七點就到學校了，老師表揚了他。我要比他更早。」小秒針雄心勃勃道。

「這樣老師就能表揚你了？」我試探著問。

「對！」

天可憐見，以小秒針的天性，他對於表揚和鼓勵的需求量很大，偏偏他在學校不是一個經常能得賞識的孩子。估計他在學校得到所有老師的表揚，加起來還沒有我一個人給的零頭多。我這麼說是有證據的，幾乎每一次在學校被誇，哪怕是屁大一丁點的事，他放學後也會得意又興奮地說給我聽。但這樣的次數很是不多，而且在我看來，品質也都不高，一般都是舉手答問得了一朵小花、中午吃飯排隊好被口頭表揚什麼的，還有就是上課不再說話、做小動作之類的「進步誇獎」。

相反，倒是這一段時間，我很頻繁地被他的各科老師召之即來，呼之即去，常常話都談完了，我還不知道園丁們大張旗鼓叫我去到底要幹什麼。作業的字寫得不好，橡皮把作業本擦得很黑，這是兩個最主要的起因，這在我看來根本就不是事，居然要我跑一趟，再跑一趟？完全不能明白。如果孩子在校不快樂，從來不笑，如果他幾乎從不和同學一起玩，如果他翹課，如果他說到了死亡或殺戮，老師應該叫家長去趟學校面談，但是，字寫得不好？很多人一輩子字都寫得難看，包括我。作業本不乾淨？他下學期就不用鉛筆和橡皮了。

左一次右一次，大概老師也發現了我是茅坑裡的石頭，不進油鹽的，才慢慢懈怠下來，不找我了。

但可想而知，老師是絕不欣賞小秒針的，他在學校或許還挨過不少批評。有一次，我從他同學嘴裡得知，老師在班上問小秒針，你們家是挖煤的嗎？要不作業本怎麼擦得怎麼黑。小秒針報喜不報憂，從不提在校的不愉快，但他是在意的。既然學習、寫字、課堂表現、班隊活動，他都入不了老師的眼，那麼，他就爭取第一個到校，撈一個表揚。

這是一個嚴重的問題，他開始追逐老師的鼓勵和表揚了，也就是說，他已經進入了現實的評價體系，而且姿態很投入。我必須跟他談一次。

正好不久之後，又發生了另外一件事，讓我覺得必須正視並嚴肅對待這個問題。這件導火索就是小秒針和漫畫姐姐不愉快的聊天。

朋友帶著她在加拿大長大的女兒來京，小姑娘的名字太長，小秒針發音不來，見她一直抱著酷愛的漫畫書，就叫她漫畫姐姐。

漫畫姐姐聽得懂漢語，還能說點兒，只是不俐落。所以兩個小傢伙還是能交流一點東西，結果卻是彼此都認為對方是怪物。

小秒針說：「上次考試，我在班上大概多少名，你呢？」

漫畫姐姐說：「我在班上是最好的。」

小秒針很羨慕，說：「啊，你考試是最高分啊。」

漫畫姐姐說：「我們不考試。」

小秒針不明白了：「不考試，你怎麼知道自己是最好的？」

漫畫姐姐也不明白：「我當然是最好的。我的畫畫得可好了。」

小秒針問：「你的畫得過獎嗎？」

「沒有。」

小秒針很不屑：「沒得過獎，怎麼能說很好呢。」

漫畫姐姐急了：「就是很好，我覺得很好。」

「你覺得好有什麼用，別人覺得好嗎？老師覺得好嗎？」小秒針搶白。

「那是我的畫！我覺得好就是好，跟老師有什麼關係？」漫畫姐姐生氣了。

小秒針也生氣了，懶得跟姐姐說話，回頭告訴我：「她就喜歡吹牛。」

吃飯的時候，兩個不知怎麼又交鋒上了。小秒針的意思是，考試又不考畫畫，所以就算漫畫姐姐畫畫得好，也不是班上最好的。

「那怎麼才算最好的？」漫畫姐姐挑戰地問。

小秒針肯定認為分數最高的是最好的，可想起她們沒有考試，不考試，就評不出最好的來了。他只好說：「成績好的。」

漫畫姐姐說：「我們每個人的成績都好。」她們的作業是寫論文，論文交上去，每個人都是優。

小秒針覺得他們的老師真不負責任，大家都是優，這樣不公平。又問，論文是什麼。隨後，小秒針又想起一種評定優劣的方式，說：「成績最好的，一般也是班上官最大的，班長，或者中隊長，要不，學習委員、課代表……」

漫畫姐姐問：「什麼是中隊長、大隊長？」又說，她們沒有「班幹部」，不過有「值日生」，管全班，連老師都可以管，但這個「官」不選舉也不世襲，大家輪流來，每人當一天，還可以自己組成聯合領導小組，管幾天。

在他們交換這些關於「官員」和「職務」的專有名詞時，我不得不充當翻譯，非常地牽強和勉為其難。

不考試，就不知道學習的知識有沒有掌握，都是優，就不知道自己進步了還是退步了。班長天天換，每個人都當，都沒有個準入機制！壞孩子趁著當班長搗蛋怎麼辦？週一班長和週二班長規定不一樣怎麼辦？小秒針覺得加拿大的小學完全沒有章法和規矩，一片混亂。連好壞優劣都判斷不了。

實在沒轍，小秒針說：「我是問你們班成績最好的，比如說，作數學題最快的。」

漫畫姐姐終於明白了，說，某某的數學超級棒，她承認，某某是我們班最好的。

小秒針覺得這個姐姐真是神經搭錯了，頭腦不清醒：「你剛才還說你自己是最好的，現在有說別人是最好的。前後矛盾、自相矛盾。」

漫畫姐姐覺得小秒針的腦子才進水了：「我的畫最好，某某的數學最好，每個人都最好。我說了我們都是最好的。」

「『最』，最只有一個，知道嗎？」小秒針正確理解了形容詞最高級的排他性，他都懶得跟弱智的人說話。

漫畫姐姐很委屈：「我知道最只有一個，但是你剛才沒有說清楚是哪個方面的最。你早說數學厲害不就完了嗎？」

「我不是只說數學厲害，那還有語文和英語呢，我說的是所有的方面，就是成績最好的嘛，哎喲，你怎麼就搞不明白呢。」

「你看看，你一會兒說數學，一會兒又說不是數學，是所有的方面，怎麼可能是所有的方面。」

……

我和朋友有一搭沒一搭地聊天，也零零星星聽兩個小人兒的對話，他們完全是兩套體系，言辭沒法搭界，彼此糾纏不清。後來兩個人都累了也煩了，一人抱一本漫畫書，看到雙方冷漠地告別拉倒。

可惜那兩天太忙，我沒有趁熱打鐵借題發揮。過了幾個星期，我終於閑下來，一個週末，便借了本介紹美國小學教育的書，一邊看一邊高聲驚歎，很快就把小秒針吸引過來了。纏著要我講。

我先問：「上次你們班是不是有個同學上課忘了帶語練本，被老師批評了？」小秒針馬上哈哈大笑，說：「是的，作業本都不帶，他好像到學校是去度假的，乾脆穿著游泳衣上學算了。」

我想，這大概是學著老師的話，而小秒針的笑，則是當時全班同學的反應。同理，當老師說小秒針挖煤時，全班也是這樣哄笑他的。

把書翻到某一頁，我說：「可是你知道嗎？如果這個同學在美國上學，每天都記得帶上很多練習本，老師有可能反而批評他哦。」

「為什麼？」小秒針大驚大奇。

「因為這樣看起來像個死讀書的書呆子。還有啊，每天回家把字抄得工工整整的學生，在中國小學是好學生，在美國小學就是壞學生。」

「為什麼？」小秒針很崩潰的樣子，正是我要的效果。

「因為他本來應該按照自己的興趣看書、玩，卻把時間都花在扮演影印機上。一個字抄n多遍，那不是影印機的功能嗎？」

小秒針大笑起來。

我想起一件舊事來。開學初，老師佈置作業，要求用Ａ４紙做一份班報，主題是「春天」。我帶著小秒針作，為了突出從孟春、仲春到夏初的過程，我們用兩張Ａ４紙粘貼成一種可以打開的立體報，一根綠藤蘿從封面延伸到封底，其間有不同的變化，還有一朵小花和一隻小鳥的故事延續在其中。

很是費了一些事，才完成這份小報，我做得高興，也得意。作業交上去，心裡還暗暗等待著老師的「驚豔」和誇獎。可是沒動靜。過了兩天，老師在班上表揚了小報做得好的同學，還選了幾份畫得好的張貼起來，小秒針的春天是立體的，沒法張貼，也就不可能入選，老師還含糊地提了一句，說有的同學沒有按老師的要求作，小報不合格。不知道小秒針是否算在此列。

當天，小秒針回到家，對我大發脾氣、大喊大叫——我告訴過你，老師規定用A4紙畫，你就是不聽，現在好了吧，害得我不能入選，都怪你！！

從此他做這一類作業，再也不找我。他自己找一張打印紙，問清楚不是B5，確實是A4，然後中規中矩地畫報頭、報花，從書上抄一段合格的文字，還用彩筆填滿難看的波浪線——因為被老師評作第一的班報用了這樣的波浪線。

我舊事重提，小秒針的餘怒居然還沒消，說：「哦，那件事啊，都怪你不按老師的要求做。」我克制了一下，才沒有當著他的面痛斥他們的學校和老師，我儘量態度平和地告訴小秒針，這個世界上，有不同的評價標準，組成不同的評價體系。還記得上次和漫畫姐姐的談話嗎？你看，你們小學和漫畫姐姐的小學，評價系統就很不一樣，是不是？什麼是好，什麼是不好，你們的觀點就很不一樣，是不是？同樣一個行為，比如我們做的那份立體班報，在這個系統裡被認為是不合格的，但到另一個系統裡，會被認為是非常有創造力、非常獨特、非常有價值的東西。完全聽老師的話，不折不扣地執行，這樣的行為，在這個系統裡被認識是好的，在另一個系統裡就是傻，沒有創造力和想像力，沒有自我，是最糟糕的事情。

所以，小秒針有榮譽感，求上進，這是一件很好的事，但是，一定要記住，並不是所有的榮譽都要追逐。比如說，那個七點就到校的孩子，我知道，其實也不是為了得表揚才這麼做的，他是沒辦法。因為家住得遠，他上學必須錯過高峰期。六點出門，他七點可以到校，如果六點半出門，八點半還在路上堵著。小秒針就住在院內，沒必要比這個。上課不遲到就行了，並不是越早越好。如果為了趕早，覺都睡不好，睡眠不充足，上課打瞌睡，那就太傻了。

「如果你們體育老師誇獎哪個小朋友放屁最響最臭，你也不服氣，要跟人家比響亮比臭嗎？」我知道這個比方有點下作，但還是很能說明問題。

小秒針笑得打滾，說：「我們體育老師才不會表揚放屁呢。」

我把他拉起來，坐端正了，嚴肅道，總之呢，老師的批評或表揚，小秒針要在意，但也要知道，那只是老師一個人的一種評價，而且還不一定對。如果整個評價系統有問題，你還努力進取，不是越努力越壞嗎？所以，做人做事，不能單純地看現成的價值評判給你的得分，還應該反省這套評判體系本身是否正確合理。不合理的，就要糾偏，如果不糾偏，就好比用錯誤的尺子來量東西，得出的不都是錯誤資料嗎？

「也就是說，老師的話也不聽？」小秒針臉上露出茫然和失重的表情。

我一時不知道該怎麼說，但還是決定接著毀滅他，說：「我給你講一個八股兄弟的故事，好不好？」

我是個偽戲迷，小秒針跟著我，在劇場、在電視上，看過不少戲曲，當然也就熟悉古時候當狀元公那份無與倫比的榮耀。萬人空巷、山鳴海應、令天地折服、與日月爭輝，人生全部的意義和價值、成就和快樂，都在那一刻的輝煌。

我開始講故事：從前，有一對八股兄弟，雙胞胎，都非常好學、進取、勤奮、刻苦、發憤圖強，總之，都是很好的孩子。兄弟倆見有人中了狀元，好光榮啊，所有的人都羨慕得不得了。兄弟倆就發誓，也要做這樣成功的人、有成就的人、榮耀的人，不做平庸的人、無所作為的人，要成就一番偉大的科舉事業。他們互相鼓勵著，開始寒窗苦讀。別人也都覺得他們是有志氣、有理想的人。

你知道，要考狀元，就是要背熟四書五經，會寫八股文。對不對？四書五經這幾本書本來沒什麼不好，就是幾本書，跟書店裡賣的其它書是一樣的，八股文本來也沒什麼不好，就像現在的論文、小說、詩歌、說明書一樣，都是一種文體。但科舉考試，別的書都不管，就考那幾本書，別的論文、小說、詩歌也都不看，就看你八股文寫得好不好。

兄弟倆立志要考上狀元，就很認真地學四書五經，又買了很多八股文的範文，細心地鑽研，每天寫一篇，再總結錯誤和不足，作筆記，免得下次犯同樣的錯誤。

這一天，他們正在書房裡看書，突然一下，天昏地暗，原來是一個外星飛船襲擊地球，B星球上的外星人研製了一種新型時間穿梭機，想在地球上作試驗。就看見UFO對著地球發出一道時間黑子光，正好把兄弟兩人吸進了黑洞。他們掉進了時光機，一下子就到了當代，就落在我們校園裡，咯，操場那邊那個草地上。半夜掉下來的，沒人看見。

兄弟倆被摔暈了，半天才清醒過來。還好，他們學習認真啊，剛才讀書的時候，手裡還緊緊地抓著書包，所以四書五經啊，八股文的範文啊，都帶來了。八股哥哥就鼓勵弟弟說，沒關係，不管遇到什麼困難，我們都要執著於我們的理想，要堅持不懈、鍥而不捨，要努力，要成功！

你們小學後面不是有塊空地，一般沒人去嗎？八股兄弟就在那裡搭了個簡單的窩棚，繼續寒窗苦讀。

有一天，八股弟弟學習累了，出去散散步，就走進你們學校了。他走到小秒針的二（二）班，你們正在上數學課，八股弟弟從窗外一看，傻眼了，咦，這些是什麼符號啊，他不認得1234，和＋－×÷啊，但是覺得很有趣，就躲在窗戶外頭偷聽。過了一會兒，你們上第二節課了，英語，abcd，他更不懂，還在外頭偷聽。到了第三節，你說，你們是什麼課？

小秒針答：「資訊技術。」

是啊，信息。我接著編，你們到電腦房上課去了，八股弟弟跟著偷偷溜進去，哎呀，這些東西都是什麼呀，是木頭箱子嗎？摸著上面還發熱，又有一塊長板子，是搓衣板嗎？是板凳面嗎？小學生怎麼在那個長板子上敲啊敲，敲什麼呢？他忍不住問你小秒針。你就告訴他，這是鍵盤啊，鍵盤都不知道。你教他打字，用電腦畫畫，還有上網。八股弟弟覺得太有意思了。最後一節課是體育，你們打棒球，八股弟弟也跟著你們打。

這樣過了一上午，你們吃中飯的時候，八股弟弟才回家。八股哥哥在家裡，正好寫了篇很好的八股文，要給弟弟欣賞。弟弟呢，就跟哥哥講電腦。八股哥哥很緊張，問，啊，電腦是什麼東西？是不是以後科舉考試還要加試電腦？是會試要考還是殿試要考？

弟弟說，科舉不考電腦，只是電腦很好玩，還可以發電子郵件。棒球也很好玩，我要是跑得快，可以打頭壘。

哥哥聽了就很生氣，不要考，你為什麼還浪費時間去學呢？你這是不學無術、玩物喪志，知不知道？你忘了我們的偉大理想了嗎？你放棄自己的夢想了嗎？你不想成為一個有所作為的人了嗎？你不想光宗耀祖、事業成功了嗎？我們的私塾老師要是知道你這樣荒廢學業，他不知道會多生氣呢。我們同學、朋友、親戚和老鄉要知道你這麼不思進取，不知道多鄙夷你呢。你真讓人看不起。

弟弟很羞愧，說，我再也不浪費時間作無意義的事了，我要好好讀書。

可是弟弟還是忍不住偷跑出去找小秒針，和小秒針一起上課。小秒針問，你讀書的時候都學什麼。弟弟就拿出他哥哥的一篇八股文來，很驕傲地說，我可強了，可我哥哥比我還強，他是我們整個縣八股文寫得最好的學生，每次都得第一名，他是我見過最優秀的學生。

小秒針拿過八股文，看了看，說，哦，你哥哥就是憑這張寫字的紙成為最好最棒的學生啊，可是，可是這個東西……在你們附小，你們會比賽做航模、做機器人、打棒球、英語演講、天文觀測，等等，但是不會比這個。這張紙和上面的八股文，在你們小學生看來，簡直就是一張廢紙，對不對？文章又沒有思想，又沒有文采，既不給人啟迪，也不讓人愉悅，連用來消磨時光都不行。寫這玩意兒幹什麼呢？

弟弟很生氣，說，你知道我們為了寫好八股文，費了多少心血嗎？我和哥哥，全部的時間和精力都在鑽研這個，全部的生命都耗在這上面，我哥哥是最好的八股寫手，所有的讀書人都羨慕他、崇拜他，要向他學習，每次八股徵文比賽，他都是特等獎，得了好多獎章、獎狀和獎盃。我可為我哥哥驕傲了，我也希望自己有哥哥那樣的本事。

小秒針大笑起來，這也算本事？哈哈，你要這麼古怪的本事幹什麼？這是世界上最無聊最沒意義的本事了。

弟弟問，要不要我教你寫八股文？

小秒針可鄙夷了，說，我才不學這些垃圾東西呢……

「後來呢？」小秒針問。

我編累了，草草收場：後來，哥哥發現自己根本生活不下去，他都沒法去食堂打飯，因為不會用餐卡啊，他是最好的八股寫手，是最好的學生，可他走出去，別人都看不起他，覺得他什麼都不會。他搞不明白，這個世界是怎麼了，最重要的八股文變得一錢不值，倒是那些最沒出息、玩物喪志的人幹的事兒，什麼打球啊、學鳥語啊，成了大家都認可的事、光榮的事。他只好求外星人把他送回古代去。但八股弟弟留在了當代。他覺得人類進步了，還是現在學的東西更有趣、更有意義。

我這天大概有點顛覆或粉碎小秒針的價值體系了。課本放在學校裡，放學不用背著書包回家！那怎麼寫作業？不用寫作業！那考試怎麼辦？不用考試！那讀書幹什麼？怎麼知道自己學會了還是沒學會？怎麼升學？題目沒有標準答案？那怎麼判分？怎麼知道對還是錯？沒有對和錯？怎麼可能沒有對和錯？沒有對錯，那還學什麼？

校園的那一套評價框框，小秒針已經認同並習慣了，現在突然被拿走，他變得無依無靠，無所適從。而我要做的，就是顛覆舊世界，爭取建立新體系。

當然，我說顛覆，完全是誇大其辭的自我標榜。學校教育的威力是巨大的，很快，小秒針又回到了慣常的系統裡，慣常地思維，慣常地想盡辦法萬般努力要獲得狗屁不值的「微笑圈」。

我只是想告訴孩子。八股取士，和從小升初到高考一脈相承的教育體制，這是兩套系統，這個世界上還有別的系統，更好或者更壞。一套系統就是一套遊戲規則。小秒針被安置在其中一種遊戲規則當中，參加競爭。但這個世界，還有更大的競爭，那就是不同遊戲規則之間的競爭。如果某一套遊戲規則失敗了，那個規則裡的所有人，包括競爭獲勝者和失敗者，都會被淘汰。覆巢之下，安有完卵？

八股的規則失敗了，八股兄弟和所有在八股規則中被淘汰的人一起被淘汰，而且可能爬得越高，跌得越慘。

別的規則，也可能如此。

當然，如果八股弟弟接受了現代教育、精通了現代科技，再回到古代？他的一生榮辱豈不也就此淪喪？

每慮及此，我就在是否讓孩子退學的兩難選擇中掙扎。不退學，孩子就退化；退學，又能怎麼樣呢？我在家專職教育孩子？我絕不是一個可以拋棄自己的一切全部為了孩子的人，沒那麼多耐心，而且，只和家人一起在家長大的孩子，顯然是有問題的。有時候，我便只能痛恨自己當年太懶惰，畢業時沒有一鼓作氣把「寄託」（GRE和TOEFL）考下來，到國外拿學位，然後留在外頭。

我對小秒針的教育，常常會變成一種對抗，我與現行教育制度、理念和整個社會的對抗，我在和世界在爭奪小秒針的靈魂。我感覺到我的無力，我對光明和未來還殘留著希望和信心，但晨曦太姍姍，太遲到，我不知道小秒針能否等到陽光照耀他的那一天。

但我仍然給自己鼓勁，教育或許無力，不能幫助小秒針應對現實、在現行的制度中拔頭籌、露頭角。但教育更有其至高無上的力量，它不屑於應對現實，它更能改變現實。高貴的教育，不是教人在一幢歪歪斜斜搖搖欲墜的危房裡如何爬得更高，找到更安全的去處，而是要建築一幢更結實耐用又美觀的樓房。

渺小的人會認為，樓房是龐大的、強悍的、不可逆轉的，人在樓中，只有人服從樓房結構，樓房不會為你個人而改變。這話貌似很正確。可是細想想，一套遊戲規則，又一套遊戲規則，它們是怎麼確立的？就看人玩不玩。按這個規矩玩的人多了，這個規矩就確立了，玩的人越多，規矩越有勢力，玩的人少了，規矩就廢了。被人棄置而去的樓，只是一堆磚石瓦礫，不再成其為樓。

歸根到底，是人製造規則，不是相反。是人確立規則的存在，不是規則確立人。八股取士是一規則，高考也是一規則。它們並不是古代和現代的區別，區別在於玩的人多少。全社會都鼓勵孩子們考了又考，直到高考，就是當下，所有的家長都督促學校的孩子們練習八股，就是過去。

一個人，按某個規則玩遊戲，就是給這個遊戲增加勢力。遊戲可能很壞，但還是可以很強大，只有人氣夠。但人總還是應該玩更好的遊戲呀，所以，忍受傷害，忍受挫敗，與鬥志昂揚、志在必得的人們背道而馳，一步步走下那幢危樓，走進你認可的新樓裡。堅守你認可的遊戲規則，遺世而獨立，把自己站成一面旗幟，吸引更多的人放棄舊遊戲，加入新遊戲，直到來的人足夠多了，新的遊戲規則通行於世。

危樓修修補補，或許還能耐很多年的風雨，足以承受你一生一世的榮耀，危樓也可能一夜之間轟然倒塌，讓你變成回不了家園的八股哥哥。但不管哪種情況，危樓總是比新樓更壞的樓。在危樓裡，可能苟且，也可能成功，還可能葬送，在新樓裡，可能異度輝煌，可能逡巡於底層，或者，甚至還可能不得其門而入。何去何從，這是一個問題。

又一個與信仰有關的問題。

我做母親三部曲

一切要從頭說起。我還沒做好任何物質和心理準備，就糊裡糊塗地結了婚，更要命的是，第二年就有了孩子。心態還停留在戀愛的女孩，身份已是準媽媽。這一落差造成了很多問題。而作為中國第一代獨生子女，獨斷、霸道、任性的毛病在所難免。有了這兩條，百般毛病都醞釀了。

首先是心態。用老媽的話說，我哪像個做娘的樣子。不僅決無中國傳統母親的經典造型：犧牲自我、吃苦耐勞、勤勞節儉、克勤克儉、任勞任怨，而且還跟兒子搶零食吃、爭電視看、賭氣、吵架、打架，不高興的時候逼他就範，高興了就戲弄他來取樂。結果兒子才兩歲，就學會了一個駭世驚俗的詞：調戲。造句是「為什麼大人總喜歡調戲小孩？做小孩真沒意思。」

不熟悉的人看到我常說，哎呀，你這麼瘦，是帶孩子累的吧。我就笑，說，不是的，帶孩子好玩著呢，就跟養了只小貓小狗似的，一點也不累。確實，成了母親之後，我在很長一段時間內，帶孩子時都擺脫不了「好玩」的遊戲心態。孩子是我的寵物。

最常玩的花招或遊戲是：我開罪他以後，又故意要他親我，他理所當然會拒絕；或者我問他更喜歡我還是爸爸，他當然也毫不猶豫地選擇爸爸；或者我故意若惱他，等他氣急敗壞地說：「媽媽走開！」時，我便慢悠悠掏出某一超級具有殺傷力的零食，慢悠悠道：「那……這個就不給你吃了」，或者「我到動物園玩去了。」

他自然後悔得腸子也青，臉也青，只有眼睛發紅。我觀察那小人兒內心的鬥爭和掙扎：既想堅持原則不理我，又經不起誘惑。在堅定和背叛之間遊移，那樣子很好玩。有時候，這個小倔頭會忍痛不理睬我，有時候，他實在抵擋不住吸引，最後會妥協、會主動示好、改口央求我，同時默默的接受我的奚落：「咦，你不是要我走開嗎？怎麼又不硬氣了？」我大獲全勝地嘲笑他，再洋洋得意地「施捨」，有種征服的快感。

結果是，我最後抛出的誘惑越大，他的「痛苦」（或是慾望不得滿足的痛苦，或是自相矛盾被嘲笑的痛苦）越深。而我是永遠的贏家。

這樣的遊戲幾乎每天都要演出好幾回，我樂此不疲，漸漸的，小秒針拒絕我的次數比妥協的次數越來越多，他跟我也越來越不親熱。他常常會氣惱的說：「媽媽是個壞媽媽。」我再用棒棒糖誘惑他改口說：「媽媽是個好媽媽。」在最初的幾年中，我並不認為小秒針和我的陌生甚至敵意是什麼大不了的事情。

現在回想起來，那「逗著玩」裡有極可怕的東西。印象極深的一次，他突然一反常態，無論如何也不肯屈服，強硬道：「給我吃！」我自來吃軟不吃硬的，倔脾氣也上來了，就是不給。僵持久了，驚動了「高層」，老媽衝過來，從我手裡奪過食物給兒子，他竟堅決不吃，只嚎啕大哭，把他平時最喜歡的食物摔在地上，一聲聲狂喊「壞媽媽！」、「壞媽媽！」、「我不要，我再也不要理你了！」

他大發脾氣，手腳亂揮亂蹬，又叫又哭，掀凳子撕本子的鬧了好大一會兒，幾乎哭癱了，也裂了嗓子。從那以後，他真的再也不喜歡吃那種零食了。

那天他的反常反應給了我極大的刺激。我突然意識到，我傷害到他的尊嚴了。為了吃點東西，他必須放棄自己的尊嚴、放棄自己（討厭我）的立場。或者背叛自己換取食物，或者放棄食物損害自己。慾望和尊嚴，食物和人格，二選一，殘酷的遊戲。我想把孩子培養成為了生存卑躬屈膝的人、出賣自我的人？或者誘惑成唯利是圖、見風使舵、沒有原則、有奶就是娘的勢利小人？

那一次之後，我就醍醐灌頂般頓悟並認定了自己的角色。孩子不是玩具或寵物，我也不是頑童或孩子。他和我一樣是完整的人，而我是母親，對孩子的人生負有責任。說來慚愧，我大學畢業了還不喜歡被小孩叫成「阿姨」，潛意識裡賴著不肯長大。直到那一刻，我才面對了自己的成長，實現了角色轉換。

由此，我進入為人母的第二個階段，我終於不再「玩孩子」了，開始認真精心地扮演母親角色。情況卻更糟，他對我的敵意越來越深，我對他的不滿和失望也越攢越多：他磨蹭、懶散、柔弱、怯懦、從不挑戰自己、沒有男子氣，有困難就畏縮哭泣，被拒絕就屈服沮喪。我從小是孩子王，振臂一呼，周邊幾個單位院裡的孩子應者雲集，而他總扮演「跟屁蟲」、「跟班」、「嘍囉」一類的角色；我打架、爬樹、上屋、翻牆、揭瓦、掏窩，無所不能，他連跳繩都不俐落，動不動就自稱「恐高」……一大堆毛病，沒有一絲匪氣、野性和霸氣，一點不像我。

我決定好好磨煉磨煉他，逼著他爬軟梯，一定要爬到最高。他爬到半空，四肢僵硬地吊了十幾分鐘。路邊老太太見了都責怪我冷血，「孩子是你的嗎？」，兒子順勢滾下來軟梯。我冷著臉說，今天若不爬上頂去，我一定遺棄他。他哭著追我，死命拽我胳膊，說，那我爬，我爬還不行嗎？破釜沉舟、哀兵必勝，這一次，他成功了。我乘機大聲喝彩，他笑眯眯的昂了頭，說，我還能再爬一次！我逼著他在規定時間內完成作業，時間一到就不准再寫，哪怕明天被批評。逼著他自己清理書包，出去旅遊自己收拾公交卡、換洗衣物。缺了東西，牙膏都不借給他用。

一段時間下來，兒子明顯有了改變——壞的改變，他確實能幹了，卻暴躁、易怒、沒耐性，動不動就皺著眉大喊大叫，手工稍不順利就往地上砸。「煩人」和「倒楣」成了口頭禪，總帶著怒氣和怨氣說話。他一發作，我就吼他。最後總是以我的咆哮和他的屈從結局。

第二次蛻變也緣於一次衝突。照例是他怒我罵，我厭惡那張暴怒的苦瓜臉，正要加倍發威，莫名地心下一動，摸摸自己的額頭，好大一個硬疙瘩。再摸摸臉，處處緊張僵硬。猛然醒悟，孩子就是我的鏡子，我看到的這張爛臉，跟自己的臭表情一模一樣！他所有的壞性情，都是我耳提面命「教」的！

我開始修煉內功。只有把自己做好了，才能扮好別的社會角色：母或妻。我一點點調節自己，有意識地緩慢低聲說話，感覺火氣往外冒了就自動退場滅火。每有不順眼的就想想其反面。柔弱的反面是重情，畏縮的反面是謹慎，瑣碎的反面是細緻。我近似自欺欺人地反復告訴自己，其實這個小傢伙挺好的，什麼都好。心理暗示絕對是有作用的。慢慢的，我就真覺得他什麼都好了。凡我認為不好的，換著從他的角度一想，也統統能理解和原諒。我以前的一切憤怒，都源於他不是我希望他成為的那個樣子，可是他為什麼一定要是我希望他成為的那個樣子呢？我又為什麼一定要恨鐵不成鋼呢？世上有鐵也有鋼，如果是鐵，就做塊好鐵，不就很好嗎？

「改造」的慾望不那麼強烈，改造的效果反而好起來。以前總嫌他不夠好，放低要求後，他的每一點好都是多賺的，都讓我開心。而這開心，也讓他開心，讓他放鬆。我真正體會到「柔能克剛」的道理。以前怒吼了n多次都不管用的事，悄無聲息卻迅速地轉變了。周日，兒子竟悄悄起床做早餐，說，我想讓你早上一起來就有東西吃。你昨天睡得很晚吧？對於我的晚起，兒子的意見一直很大，嫌浪費了他玩的時間。從何時起，他已經不再抱怨，反而關心到我的活動？他學會換位思考了，就像我一樣。孩子真的是我的鏡子。不同性情的孩子要用不同的教育方法，柔弱如吾兒，激將法顯然不如盲目鼓勵管用。哪怕是故作驚喜、假惺惺的「你竟然能……」，都比惡狠狠的「你為什麼不能……」強。

我也許是個特殊個案。老僧說，前三十年看山是山，水是水；後三十年看山水都不是山水；到爾今，山水還是山水。我也類似，前三年沒有作母親的心，糟，後三年有了這心，更糟。如今做母親的心在似有非有之間，才漸入佳境。如今我們家挺和睦，兒子和我還算好哥們。

附錄

小秒針處女作

（二〇〇七年底，我在圖書館翻書，偶爾看到了《北京文學》上的一則徵稿，「我們今天如何做父母」的討論，表示「歡迎孩子們參加討論」，回家後跟小秒針說起，他並不是很感興趣，直到我說到了稿費。

小秒針陪我去郵局取過稿費，很長時間不理解，穿綠衣服的叔叔為什麼有時候收別人的錢，有時候又送錢給別人。如果寫一篇文章發表，郵局叔叔就會送錢給他，豈不是大大地划算。

小秒針就這樣答應了下來。「家庭教育」問題，他當然是不可能言之成文的。我給他佈置了一個題目，給媽媽打分，並一項項說明理由。於是有了他的處女作：評媽媽。

我自己寫了篇《我做母親三部曲》，又寫了幾點說明，和小秒針的文章放在一起，由他寫好信封，自己到郵局買郵票貼好寄過去，不久便接到了用稿通知。

當時，小秒針是附小三年級學生。）

關於兩篇文章有幾點說明：

一、徵文是媽媽看到後向兒子提起的，兒子很熱切地願意參與，動機是發表文章會賺稿費，錢攢起來準備買那種帶軌道的超級賽車。

二、媽媽和兒子各寫了一篇。兒子的文章是他獨立完成的（他做事向來拒絕媽媽干涉，作業都不准媽媽檢查的）。媽媽審閱（只改了錯別字）後，兒子又謄了一遍。媽媽的文章，兒子沒有審閱。

三、最初兒子給媽媽的評分是九十五分，脾氣不好扣兩分，不准玩遊戲扣三分。但謄錄了一半的時候，媽媽嫌兒子字寫得不好看，一怒之下撕了兒子的稿紙。兒子再寫時，就成了八十五分。往下寫兩行，估計想想還是不爽，狠狠地擦掉，改成了七十五，最後，在他試圖要改成六十五分時，我開始「國家干預」，辦法是道歉，然後要求他客觀冷靜地評價媽媽。「媽媽真的有那麼壞嗎？白紙黑字寫出來，是要負責任的」。於是成了現在的樣子。

四、兒子本來想在電腦上寫好發email給雜誌社，但媽媽告之沒有信箱地址。兒子一度想放棄，嫌棄地說：「連e-mail地址都沒有的雜誌，肯定很次。」媽媽試圖糾正兒子的錯誤看法，但不知效果如何。

五、兒子說，雜誌社的編輯應該謝謝他「賜稿」。不過，如果編輯給他發電子郵件，他要謝謝你們「賜信」。

評媽媽

我給媽媽打八十五分。她脾氣不好，扣十分，不准我玩電腦遊戲，扣五分。得分是：

給我買喜歡的東西，零食、圖書、玩具，三十分。

帶我去圖書館借書，教我怎麼查資料，二十五分。

讓我參加活動，看演出，玩得開心，二十五分。

輔導我做作業，二十五分，作業很重要。

在書店看到她寫的書讓我很驕傲，二十五分。

我最喜歡媽媽的是，她對我像對大人一樣，我喜歡當大人，下課我們偷偷坐到老師座位上，感覺自己像老師，上星期學校來人檢查，老師在黑板上寫「放飛理想」，我在下面寫「放飛狗尿」，被批評了。我不喜歡當老師，太累，要講很多話，我不喜歡講話，我想當科學家。

我有個同學說他在銀行有戶口，這就像大人。媽媽答應給我申請一個銀行戶口。媽媽還讓我賣東西，賺的錢歸我。我很高興，大人都有錢。還有，我有自己的mail，可是沒人給我發信。媽媽給我寫電子郵件，但我覺得沒意思，要我不知道的別人給我寫信才好玩。我的郵件是xiezipei2000@yahoo.com.cn，希望你們給我回信。

媽媽帶我去學校的圖書館，我會用電腦查資料。圖書館裡都是大學生，只有我一個小學生，我走到哪裡他們都看著我，還幫我拿書。我覺得這比較像大人，很神氣。我現在在寫一篇關於三葉蟲的論文。

大學裡有很多演出，媽媽帶我去看。我們還常去北大看電影和演出，我喜歡昆曲，還指揮過樂隊演出。媽媽還帶我去過舊石器時代的考古基地，看到了化石。

不過當大人有點累，出去玩，帶的東西不夠就倒楣了，帶多了又重。還要自己清書包，忘了紅領巾，要挨批評。我還是覺得當小朋友比較好。媽媽說帶我去山裡野營，可我有點怕，小孩子就是膽小些。

媽媽最不好的是脾氣不好。不過她每次都向我道歉，我就原諒她了。因為她是媽媽。

小秒針檢討書

（二〇〇八年三月，小秒針剛開學，心沒收回來，惹得老師頻頻召見。這是在紫禁城要求下的一份檢討書。我連他的錯別字、不分段和一路逗號到底的風格，都一併保留了。我注意到「檢討書」裡有很多個「害怕」，這暴露了我們做父母的嚴重問題。還有，從檢討書可以清楚地看到，正是我們的嚴厲和苛責，導致了孩子的說謊。最後，孩子內心的掙扎和猶豫，讓我們知道孩子有自我調適和自我修正的能力，無論孩子作了什麼，情況其實沒那麼糟糕，不必如臨大敵、上綱上線。）

我的缺點

新學期前幾天，我每天放學都沒直接回家，總是更陳偉龍玩好了再回家，所以，爸爸不讓我寫作業，今天下午，英語老師把我和陳偉龍他們留下，我有點害怕，昨天早上爸爸還叫我一放學就回去的，在英語辦公室，我更是急的恨不得馬上寫完單詞，到五點多了，我和陳偉龍終於過關了，我的腦子像被大水沖過一樣一片空白，到那時我幾乎都忘了老爸的zhufu，於是我和陳偉龍來到超市，陳偉龍說他袋了錢要去買東西，於是我和他一起去買東西，等到了五點五十幾到六點多時，陳偉龍花了他的五毛錢，我們買完東西，陳偉龍給我一張卡說：「我們倆玩幾盤。」於是，我和他玩了起來，玩了一盤後，大概五、六分鐘，我便對陳偉龍說我不玩了，我開始有一點害怕起來，我便問他怎麼辦？陳偉龍說要不說huang？我同意了，等陳偉龍走後，我更害怕了，我想會不會被大人識破，我又想，也許不會被大人識破，也許大人會yi為這是真的，於是我覺定shi-shi，可是，我還是怕被大人識破了，我害怕爸爸罵我，正當我兩面為難時，我想：為什麼人總是等知道結果後才後悔呢？但出於十分害怕，我覺定先說假話，如果被識破，再說真話，等到了家門口，我猶豫了，是說huang還是不說，最後，我覺定說，於是我鼓起勇氣來qiao門，回家後爸爸pi評了我並教育了我，我以後不要犯這樣的錯，我覺定今後一定改掉這些毛病。

童謠、順口溜和腦筋急轉彎

自從進了小學，小秒針就時不時地學些順口溜回來，念念有詞，我隨聽隨錄，漸漸攢了一些，五色五味雜陳，未必有趣，也未必健康，卻是「原生態」的真實狀況。

二〇〇六年的：

某某的頭，像地球，有山有水有河流。不吃中國的白米飯，只吃外國的原子彈。

某某一回頭，嚇死河邊一群牛，
某某二回頭，衛星撞地球，
某某三回頭，海水倒著流，
某某四回頭，劉翔改打乒乓球，

一九八五年，我學會開汽車，上坡下坡，壓死一千多。員警來捉我，躲進女廁所，廁所沒有燈，掉進茅廁坑。

二〇〇七年的：

春眠不覺曉，處處蚊子咬．夜來大狗熊，誰都逃不了。

日照香爐生紫煙，李白要上衛生間（也作「李白半路想屙屎，他就來到馬桶前」）。飛流直下三坨屎，一摸口袋沒帶紙。

李白乘舟不給錢，忽聞岸上叫還錢。桃花潭水深千尺，為什麼裡面沒有錢？

祝你生日倒楣，祝你蛋糕發黴，祝你越吃越肥，祝你早日見鬼（或祝你缺胳膊少腿）。

床頭明月光，李白喝雞湯。喝了一大缸，尿了一褲襠。

（國歌的最後一部分）我們萬眾一心，抱著敵人的包裹，快跑，快跑，快快跑——

（兒歌）……小鳥說，早早早，你為什麼背著炸藥包。我去炸學校，學校炸飛了。……

祝你笑口常開，笑死活該；祝你一路順風，半路失蹤。

我和你去搶銀行，你搶金，我搶銀，不知誰撥了一一〇。我跑得快，你跑得慢，你被員警抓走了。我在家裡吃海帶，你在監獄挨皮帶；我在家裡吃瓜子，你在監獄吃槍子。

二〇〇八年的：

二〇〇八，火山爆發，誰要在家，變成烤鴨。

（惡作劇遊戲）

伸一個指頭，問，這是幾？答，一。

伸兩個指頭，問，這是幾？答，二。

伸三個指頭，問，二加二等於幾？

被套進去了就答，三。

先讓人一口氣說二十個「鳥」字。然後問：小蟲子吃什麼？

被套進去了就答，鳥。

還有智商含量更高些的：

問，pig的中間是I還是U。

被套進去的就答，I。（你是豬啊，要不為什麼在豬中間？）

問，豬八戒在上（天上）是神仙，不是豬，那在下（凡間）是什麼？

被套的人會答：在下是豬。（噢，你又是豬啊）

（冷笑話和腦筋急轉彎）

三分熟的牛排和五分熟的牛排在街上碰到了，為什麼互相不打招呼？

因為他們倆不熟。

錘子錘雞蛋，為什麼錘不爛？

錘子當然不爛，爛的是雞蛋嘛。

贅言

這不是家庭教育、親子教育類的書，而且我格外討厭這一類書。那些書都是有結果的：孩子讀哈佛了，小小年紀就出版著作了，拿國際大獎了。好像不這樣，就顯示不出家庭教育的成果。而這些都不是普通人能得到的。這一類的家庭教育除了讓極少數家長顯擺、炫耀、自誇自吹自擂，讓絕大多數做父母的緊張、恐懼、焦慮、自慚形穢之外，幾乎沒什麼作用。

家庭教育不是精英教育，而是常識教育。讓一群缺乏常識的狂熱父母培養精英，沒有比這更恐怖和荒誕的事了。真正的家庭教育成果，是在中國這個國度裡，大家都自覺排隊、先下後上了，便後都沖水了，下班關燈關電腦關空調了，超市裡的商品掉地上有人撿了，大街上沒人光膀子了，紅燈亮時所有人都停了，馬路上沒有痰和紙屑了，開會沒人遲到了，車子剮了互相道歉而非謾罵了，圖書館的書上沒人寫字畫符號了，溜狗的人自己不表現得像野狗了……

我對小秒針的要求，也不過如此而已，做一個現代的合格公民。能夠表現出禮貌、保持對人的善意、知道維護自己的權利。這就夠了。

我在這裡主要想記錄和討論的，不是怎麼教育孩子，而是我自己怎麼作母親。做母親這件事是深刻的成長過程，而且不是孤立的，它和我希望怎麼做人、怎麼理解世界、怎麼活著是相貫穿的。我在記錄我的成長、探索我自己——在孩子的幫助和推動下。

謝謝我的兒子，我的「天屎」小秒針。

釀文學186　PE0077

探索我自己
——哲學博士媽媽育兒成長手記

作　　者	陳　潔
責任編輯	林千惠
圖文排版	周好靜
封面設計	王嵩賀

出版策劃	釀出版
製作發行	秀威資訊科技股份有限公司 114 台北市內湖區瑞光路76巷65號1樓 電話：+886-2-2796-3638　傳真：+886-2-2796-1377 服務信箱：service@showwe.com.tw http://www.showwe.com.tw
郵政劃撥	19563868　戶名：秀威資訊科技股份有限公司
展售門市	國家書店【松江門市】 104 台北市中山區松江路209號1樓 電話：+886-2-2518-0207　傳真：+886-2-2518-0778
網路訂購	秀威網路書店：http://www.bodbooks.com.tw 國家網路書店：http://www.govbooks.com.tw
法律顧問	毛國樑　律師
總 經 銷	聯合發行股份有限公司 231新北市新店區寶橋路235巷6弄6號4F 電話：+886-2-2917-8022　傳真：+886-2-2915-6275

出版日期	2015年7月　BOD一版
定　　價	380元

Printed in Taiwan

國家圖書館出版品預行編目

探索我自己：哲學博士媽媽育兒成長手記 / 陳潔著. --
一版. -- 臺北市：釀出版, 2015.07
面；　公分
BOD版
ISBN 978-986-445-024-4(平裝)

1. 育兒　2. 通俗作品

428　　104010248

讀者回函卡

感謝您購買本書，為提升服務品質，請填妥以下資料，將讀者回函卡直接寄回或傳真本公司，收到您的寶貴意見後，我們會收藏記錄及檢討，謝謝！如您需要了解本公司最新出版書目、購書優惠或企劃活動，歡迎您上網查詢或下載相關資料：http:// www.showwe.com.tw

您購買的書名：______________________________

出生日期：________年________月________日

學歷：□高中（含）以下　□大專　□研究所（含）以上

職業：□製造業　□金融業　□資訊業　□軍警　□傳播業　□自由業

□服務業　□公務員　□教職　□學生　□家管　□其它_____

購書地點：□網路書店　□實體書店　□書展　□郵購　□贈閱　□其他

您從何得知本書的消息？

□網路書店　□實體書店　□網路搜尋　□電子報　□書訊　□雜誌

□傳播媒體　□親友推薦　□網站推薦　□部落格　□其他__________

您對本書的評價：（請填代號　1.非常滿意　2.滿意　3.尚可　4.再改進）

封面設計____　版面編排____　內容____　文／譯筆____　價格____

讀完書後您覺得：

□很有收穫　□有收穫　□收穫不多　□沒收穫

對我們的建議：______________________________

____

____

____

請貼
郵票

11466
台北市內湖區瑞光路 76 巷 65 號 1 樓
秀威資訊科技股份有限公司 收
BOD 數位出版事業部

（請沿線對折寄回，謝謝！）

姓　　名：________________　年齡：________　性別：□女　□男

郵遞區號：□□□□□

地　　址：____

聯絡電話：(日) ________________ (夜) ________________

E-mail：____